看一个人——东坡情怀；
看一群人——长征精神；
反求诸己——身心健康。
人生之困：
困难、困境、困苦。
如是而已！

——张民才

人生之困

RENSHENG ZHIKUN

张民才 著

内蒙古科学技术出版社

图书在版编目（CIP）数据

人生之困 / 张民才著. —赤峰：内蒙古科学技术出版社，2018. 5
ISBN 978-7-5380-2953-6

Ⅰ. ①人… Ⅱ. ①张… Ⅲ. ①人生哲学—通俗读物
Ⅳ. ①B821-49

中国版本图书馆CIP数据核字（2018）第077083号

人生之困

作　　者：张民才
责任编辑：那　明
封面设计：永　胜
出版发行：内蒙古科学技术出版社
地　　址：赤峰市红山区哈达街南一段4号
网　　址：www.nm-kj.cn
邮购电话：（0476）8227078
排版制作：赤峰市阿金奈图文制作有限责任公司
印　　刷：三河市华东印刷有限公司
字　　数：140千
开　　本：710mm×1000mm　1/16
印　　张：12
版　　次：2018年5月第1版
印　　次：2021年1月第2次印刷
书　　号：ISBN 978-7-5380-2953-6
定　　价：29.80元

如出现印装质量问题，请与我社联系。电话：0476-8237455　8225264

内容简介

《礼记·学记》认为："学然后知不足，教然后知困。"教学绕不开"困"。因此本书开篇明义："看一个人——东坡情怀；看一群人——长征精神；反求诸己——身心健康。人生之困：困难、困境、困苦。如是而已！"

全书分三部分。

第一部分以话剧的形式，以东坡情怀为素材，从"山水""月夜""仁智"三个角度分析战胜困难的人生品格；第二部分以话剧的形式，以长征精神为素材，从"战胜对手""征服自然""突破自我"三个角度分析突破困境的人生轨迹；第三部分以对话的形式，以身心健康为素材，选取"医师与教师""科学与哲学""轨迹与境界"三个角度分析身心健康的科学要义。

2017年国家下发的《关于实施中华优秀传统文化传承发展工程的意见》中指出："滋养文艺创作。善于从中华文化资源宝库中提炼题材、获取灵感、汲取养分，把中华优秀传统文化的有益思想、艺术价值与时代特点和要求相结合，运用丰富多样的艺术形式进行当代表达，推出一大批底蕴深厚、涵育人心的优秀文艺作品。”正是基于此理念，作者结合自己二十多年的教学一线经验，以东坡为榜样，以长征为实例，以身心健康为根本，从传统文化中汲取精神元素，通过话剧与对话的形式对青少年进行励志教育，培养意志，锻炼勇气，锤炼品格。

本书既是对学生全面发展背景下核心素养培养的突破尝试，也是在立足传统文化基础上品格教育的创新举措；既可作为中学课程参考，也可为师生提供课外阅读。

目　录

一、东坡情怀……………………………………………………1
（一）山水……………………………………………………1
（二）月夜……………………………………………………7
（三）仁智……………………………………………………16
二、长征精神……………………………………………………25
（一）战胜对手………………………………………………25
（二）征服自然………………………………………………48
（三）突破自我………………………………………………63
三、身心健康……………………………………………………79
（一）医师与教师……………………………………………79
（二）科学与哲学……………………………………………106
（三）轨迹与境界……………………………………………157

一、东坡情怀

（一）山水

第一幕

庐山

时间 宋神宗元丰七年（1084年）四月二十四日

地点 庐山

人物 东坡 刘格（东坡好友刘恕之弟） 参寥 山中僧俗 主僧 东林寺长老

〔开幕。开场白：记游庐山〕

记游庐山

仆初入庐山，山谷奇秀，平生所未见，殆应接不暇，遂发意不欲作诗。已而见山中僧俗，皆云：“苏子瞻来矣！”不觉作一绝云：“芒鞋青竹杖，自挂百钱游。可怪深山里，人人识故侯。”既自哂前言之谬，复作两绝句云：“青山若无素，偃蹇不相亲。要识庐山面，他年是故人。”又云：“自昔忆清赏，初游杳霭间。如今不是梦，真个是庐山。”是日，有以陈令举《庐山记》见寄者，且行且读，见其中有云徐凝、李白之诗，不觉失笑。旋入开先寺，主僧求诗，因作一绝云：“帝遣银河一派垂，古来惟有谪仙词。飞流溅沫知多少，不与徐凝洗恶诗。”往来山南北十余日，以为胜绝，不可胜谈，择其尤者，莫如漱玉亭、三峡桥，故作此二诗。最后与长老同游西林，又作一绝云：“横看成岭侧成峰，远近高低各不同。不识庐山真面目，只缘身在此山中。”仆庐山诗，尽于此矣。

东坡　这是我第一次来庐山，庐山之秀美，传世已久，如今亲临此地，真是幸运！

参寥　那好，我们就陪您游个尽兴。

刘格　此时此景，先生一定会诗兴大发的。

东坡　哎，这么多美景在眼前，咱们这回只顾游览，不作诗，不作诗。

山中僧俗　苏子瞻来了，苏子瞻来了！

参寥　虽山远地偏，学士之名却人尽皆知呀！

东坡　芒鞋青竹杖，自挂百钱游。可怪深山里，人人识故侯。

刘格　先生失言了。

东坡 陶渊明“采菊东篱下，悠然见南山。”南山者，庐山也。

参寥 如今更近陶渊明。采菊东篱见南山，赏景庐山知渊明。

东坡 青山若无素，偃蹇不相亲。要识庐山面，他年是故人。

刘格 现在庐山就在眼前。

东坡 自昔忆清赏，初游杳霭间。如今不是梦，真个是庐山。

参寥 学士近来读什么书？

东坡 陈令举的《庐山记》。

参寥 学士与令举颇有缘分。

东坡 当年一别曾有一作送陈令举。陈舜俞，字令举，乌程（今浙江湖州市）人。

鹊桥仙·七夕送陈令举

缑山仙子，高情云渺，不学痴牛骇女。凤箫声断月明中，举手谢、时人欲去。

客槎曾犯，银河微浪，尚带天风海雨。相逢一醉是前缘，风雨散、飘然何处。

参寥 缑山仙子作何解释？

东坡 刘向《列仙传》：周灵王太子王子乔，好吹笙作凤凰鸣，游伊洛之间，被道士浮丘公接上嵩高山，三十余年后于山上见柏良，对他说：“告我家，七月七日待我于缑氏山巅。”至时，果乘白鹤驻山头。望之不得到，举手谢时人，数日而去。

刘格 客槎曾犯作何解释？

东坡 张华《博物志》：天河与海相通，年年有浮槎定期往来，海滨一人怀探险奇志，便多带干粮，乘槎浮去。经十余日，至一城郭，遇织布女和牵牛人，便问牵牛人，此是何处。牵牛人告诉他回去后问蜀人严君平便知。后来乘槎人还，问严君平。君平告以某年月日有客星犯牵牛宿，计算年月，正是乘槎人到天河之时。

参寥 学士之作堪比李白的《望庐山瀑布》：日照香炉生紫烟，遥看瀑布挂前川。飞流直下三千尺，疑是银河落九天。

东坡 李白诗作俊逸飞扬，气势恢弘，波澜壮阔。相比之下，中唐诗人徐凝的《庐山瀑布》："虚空落泉千仞直，雷奔入江不暂息。今古长如白练飞，一条界破青山色。"我认为此诗俗不可耐。

刘格 看！重峦叠嶂，高低起伏，云雾缭绕，山水萦耳，好一个变化无穷之地。庐山是人间仙境，庐山是天上人间。

主僧 （旋入东林寺）欢迎阁下一行来到敝寺。先生，请赐诗作。

东坡 帝遣银河一派垂，古来惟有谪仙词。飞流溅沫知多少，不与徐凝洗恶诗。

东林寺长老 学士，请与我同游西林，此处您一定喜欢。

东坡 一路走来，以为真见庐山，待到此处，方知真见。

东林寺长老 杜甫诗云："会当凌绝顶，一览众山小。"学士果有此悟？

东坡 横看成岭侧成峰，远近高低各不同。不识庐山真面目，只缘身在此山中。

（观宇宙人生，须入乎其内，又须出乎其外。入乎其内，故能写之；出乎其外，故能观之。王国维《人间词话》。）

（幕）

第二幕

西湖

时间　宋神宗熙宁四年（1071年）

地点　杭州西湖

人物　东坡　太守　朝云

〔开幕。苏轼于神宗熙宁四年（1071年）到神宗熙宁七年（1074年）在杭州任通判。太守为东坡举行欢迎宴。〕

太守　学士，欢迎阁下来杭州，实乃百姓之福。作为本地父母官，今天特设宴席，为阁下接风洗尘。

东坡　承蒙太守厚爱。西湖果然与众不同。

太守　刚刚下过雨，不知您是否喜欢江南天气？

东坡　乍雨乍晴，湖光明灭，白沙堤芳草萋萋，柳吐新芽。风月无边，青春无限，好一个江南之春。

太守　良辰美景，岂能少了歌舞相伴？请——

东坡　（朝云献艺）人在景中，景在人间，真是心旷神怡。

太守　快给大人献茶。（朝云走到东坡近前献茶）

朝云　大人，您带我走，好吗？

东坡　这？

太守　此女弯眉秀眼，纤细苗条，才艺出众，江南多才女，学士以为如何？

东坡　（心生可怜）姑娘年芳几何？

朝云　11岁。

东坡　年纪如此小就沦落风月场中，令人惋惜呀！

朝云　大人，求您带我走吧。我愿一生追随您。

太守　倘若有意，可使其脱籍，不知如何？

东坡　（看看朝云，恻隐之心顿生）好吧。（从此朝云进入苏门，陪伴东坡直至她病逝在惠州）

东坡　水光潋滟晴方好，山色空蒙雨亦奇。欲把西湖比西子，淡妆浓抹总相宜。

饮湖上，初晴后雨二首（其二）

太守　继续歌舞。

（众人表演舞蹈《烟雨西湖》，将雨伞作为道具，女士着红装，男士着绿装，融合词曲，边舞蹈边弹唱，以古筝配曲，以清诵赏词。）

（旁白）泛舟西湖五绝

新月生魄迹未安，才破五六渐盘桓。

今夜吐艳如半璧，游人得向三更看。

三更向阑月渐垂，欲落未落景特奇。

明朝人事谁料得，看到苍龙西没时。

苍龙已没牛斗横，东方芒角生长庚。

渔人收筒未及晓，船过惟有菰蒲声。

菰蒲无边水茫茫，荷花夜开风露香。
渐见灯明出远寺，更待月黑看湖光。
湖光非鬼亦非仙，风恬浪静光满川。
须臾两两入寺去，就视不见空茫然。

东坡　好一个《烟雨西湖》！（朗诵）（独舞）

水光潋滟，山色空蒙，欲把西湖比西子。
烟雨西湖，美人迟暮，每逢暮雨倍思卿。
人生如梦，物是昨非，凄凄，山水寄相思，亭榭眼茫茫。
岁月如歌，抑扬顿挫，切切，烟雨任平生，堤岸柳依依。
水光潋滟，山色空蒙，欲把西湖比西子。
烟雨西湖，美人迟暮，每逢暮雨倍思卿。

（幕）

（二）月夜

第一幕

承天寺夜游

时间　宋神宗元丰六年（1083年）十月十二日夜

地点　承天寺

人物　东坡　张怀民

〔开幕。开场白：记承天寺夜游〕

元丰六年十月十二日夜，解衣欲睡，月色入户，欣然起行。念无与为乐者，遂至承天寺，寻张怀民。怀民亦未寝，相与步于中庭。庭下如积水空明，水中藻荇交横，盖竹柏影也。何夜无月？何处无竹柏？但少闲人如吾两人者耳。

承天寺，现位于湖北黄冈。苏轼因“乌台诗案”在宋神宗元丰三年到六年（1080—1083年）被贬黄州，曾夜游承天寺。

东坡寻张怀民。

东坡　（东坡步行至承天寺）怀民，可安寝否？

张怀民　未也，学士，别来无恙？

东坡　良辰佳夜，不游览一番实为可惜，可否一游？

张怀民　求之不得。

东坡　好，那就随便走走。如此空明之夜，树影婆娑，此乃天上清虚之境。

张怀民　学士数日之前夜游赤壁，驾一叶扁舟，举匏樽以相属。寄蜉蝣于天地，渺沧海之一粟。哀吾生之须臾，羡长江之无穷。挟飞仙以遨游，抱明月而长终。知不可乎骤得，托遗响于悲风。可有此思？

东坡　知水与月而未尝往也。盈虚者如彼，而卒莫消长也。盖将自其变者而观之，则天地曾不能以一瞬；自其不变者而观之，则物与我皆无尽也，而又何羡乎？且夫天地之间，物各有主，苟非吾之所有，虽一毫而莫取。惟江上之清风，与山间之明月，耳得之而为声，目遇之而成色，取之不尽，用之不竭，是造物者之无尽藏也，而吾与子之所共适。

张怀民　好一番高论！恰如你我二人此时此刻，清风明月相伴，赏心悦目，信步闲庭，真乃人生幸事！

东坡　此处静中取动，赤壁则动中取静。

张怀民　学士赤壁之游，可曾作词？

东坡　（悠然面向远方良久）

念奴娇·赤壁怀古

大江东去，浪淘尽，千古风流人物。故垒西边，人道是，三国周郎赤壁。乱石穿空，惊涛拍岸，卷起千堆雪。江山如画，一时多少豪杰。

遥想公瑾当年，小乔初嫁了，雄姿英发。羽扇纶巾，谈笑间，樯橹灰飞烟灭。故国神游，多情应笑我，早生华发。人生如梦，一樽还酹江月。

张怀民　此词直抒胸臆，荡气回肠，可谓豪放词之代表，可与学士之前在密州所作相比拟。（说罢诵读）

江城子·密州出猎

老夫聊发少年狂，左牵黄，右擎苍。锦帽貂裘，千骑卷平冈。为报倾城随太守，亲射虎，看孙郎。酒酣胸胆尚开张，鬓微霜，又何妨？持节云中，何日遣冯唐？会挽雕弓如满月，西北望，射天狼。

东坡 见笑了，惭愧，惭愧。

张怀民 学士婉约之词也别有风韵，尤其是那首《蝶恋花》。（说罢诵读）

蝶恋花

花褪残红青杏小，燕子飞时，绿水人家绕。枝上柳绵吹又少，天涯何处无芳草！

墙里秋千墙外道，墙外行人，墙里佳人笑。笑渐不闻声渐悄，多情却被无情恼。

东坡 知我者，怀民也。（二人继续前行）

张怀民 与学士一游，胜读十年书。

东坡 前面水中藻荇交横，竟不曾发现。

张怀民 错矣，竹柏影而已，自然白日不曾看到。

东坡 何夜无月？何处无竹柏？但少闲人如吾二人者耳。（说罢二人同时大笑）

（幕）

第二幕

上元夜游

时间　己卯上元，宋哲宗元符二年（1099年）

地点　儋州

人物　东坡　老书生　老妇人

〔开幕。开场白：书上元夜游〕

己卯上元，余在儋耳。有老书生数人来过，曰："良月佳夜，先生能一出乎？"予欣然从之。步城西，入僧舍，历小巷，民夷杂揉，屠酤纷然，归舍已三鼓矣。舍中掩关熟寝，已再鼾矣。放杖而笑，孰为得失？问先生何笑，盖自笑也。然亦笑韩退之，钓鱼无得，更欲远去，不知钓者未必得大鱼也。

（晚饭过后，东坡正在院内品茶。）

老书生　（造访东坡）良月佳夜，先生能一出乎？

东坡　正有此意，先生来得太好了。

老书生　今天我们到城西走走吧。

东坡　热闹去处，但去无妨。

老书生　本地少数民族居多，生活条件艰苦，您也看到了，此处不比中原。

东坡 不过，岛上居民倒也纯朴，且不说自得其乐，比起其他地方，百姓倒少些争端。

老书生 先生，你看，前面有好多人。

东坡 （走到一老妇人面前）老人家，您看现在世事怎么样？

老妇人 世事还不就是一场梦！

东坡 （东坡一怔）如何见得？

老妇人 先生当年身在朝廷，官至翰林学士，历尽荣华富贵，可如今又如何？不就是一场春梦吗？

东坡 （听后又一怔，随即恍然大悟，不禁哑然失笑）是呀，人似秋鸿来有信，事如春梦了无痕。看来，您老人家知道我是谁，而且还很懂我呀。

老妇人 此乃荒芜之地，大人有如此高的学识，又有如此高的地位，来到我们这儿，我们怎么可能不知呢？

东坡 那我倒要讨教了。

老妇人 但问无妨。

东坡 想问问求吉治病而杀掉耕牛的事情。

老妇人 这是沿袭很久的习俗了。

东坡 果真有效吗？

老妇人 老妇活这么大年纪了，心底里也有些不明白，可大家都这样做，我们也就没太在意。

东坡 我倒是想，我们此地交通不便，自给自足已经实属不易，农业是我们的主要生活依靠，耕牛是耕种庄稼的主要帮手，为什么还要杀掉它呢?

老妇人 您说得有道理。

东坡 因此,我提倡大家爱护耕牛,垦荒种植,发展农业,改善民生,解决温饱问题。

老妇人 那当然好。

东坡 老人家,不用问,您也是干农活的,忙了一辈子。

老妇人 这个当然,我们这儿大多是以女耕为主。

东坡 这个习俗也必须改。女人们太辛苦了,男女同劳,实现平等,您意下如何?

老妇人 这可要好好做男人们的工作了。先生不愧是高人,想问题有见的,处理问题有见解。

东坡 这里好像没有学堂?

老书生 一是没有好的老师愿意来这儿教书;二是这儿地广人稀,能活着就不错了,还读书做什么?

老妇人 所以人们也就不把孩子们送去上学了。先生有如此高的学识,有意教我们吗?

老书生 想得倒好,先生也只是暂留此地。

东坡 问得好!我倒要考虑一下这个问题。

老妇人 那可是百姓的福分呀。

老书生 我们到前面瞧瞧?

东坡 真是谢谢您了。我们再到前面看看。(说罢与老妇人告别)

老书生 先生有何想法?

东坡　刚才的几个问题，我们不妨找人专门研究一下，先试着去尝试，慢慢影响大家，不知您愿意帮我吗？

老书生　先生是为百姓谋福，我自然愿意效劳。

东坡　今夜不虚此行。

老书生　先生明日还看棋否？

东坡　当然看。

老书生　我有一问，不知可否？

东坡　请讲。

老书生　先生整日看棋而不下棋，为何？

东坡　正如饮酒，不擅长却爱好。

老书生　有什么真意吗？

东坡　纹枰坐对，谁究此味。空钩意钓，岂在鲂鲤。小儿近道，剥啄信指。胜固欣然，败亦可喜。优哉游哉，聊复尔耳。

老书生　先生好心境。近来可曾习惯在此地居住？

东坡　有您等对我如此厚爱，我真是知足矣！还不曾谢过老先生。

老书生　哪里话，这是老夫应该做的。

东坡　人家都称我为居士，我忽有所悟：事如春梦了无痕，人间有味是清欢。长恨此身非我有，此心安处是吾乡。

老书生　我也是过来人，我不妨说点我的感悟。

东坡　那太好了，快请讲。

老书生　人生就是书写智慧，感悟真实。生活就是思想行走，随遇而安。教，且行且思；学，亲历亲为。幸福，请抓住，请记录；快乐，请参与，请享受。

东坡 受教，受教，先生真是高见！

老书生 过奖了，与先生在一起，总是要进步的。（两人相视一笑）

东坡 又是一个月圆之夜。

老书生 想家了？

东坡 先生可曾记得《水调歌头》？

老书生 丙辰中秋，欢饮达旦。大醉，作此篇，兼怀子由。

东坡

明月几时有

明月几时有？把酒问青天。不知天上宫阙，今夕是何年。我欲乘风归去，又恐琼楼玉宇，高处不胜寒。起舞弄清影，何似在人间。

转朱阁，低绮户，照无眠。不应有恨，何事长向别时圆？人有悲欢离合，月有阴晴圆缺，此事古难全。但愿人长久，千里共婵娟。

（幕）

（三）仁智

第一幕

抗洪

时间　1077年，苏东坡40岁。

地点　徐州

人物　东坡　随从　富家代表　将军　使者

〔开幕。1077年，苏东坡任徐州太守。徐州是个大城市，地控鲁南，是军事要冲。八月二十一日，苏东坡上任三个月了，黄河在徐州以北二十五公里处决口，徐州遭遇洪水。苏东坡迅速组建抗洪总指挥部，开始组织抗洪工作。〕

东坡　各位，现将城内布防分为四个区域，东、南、西、北，每个区域设立负责人，统筹抗洪工作。另外，府衙成立调度处，分别协调城墙加固、百姓安置、卫生防疫、人员调度、信息联络等工作。

随从　报告，城内几家富有大户正向城外纷纷逃难。

东坡　快带我去！（随从带领东坡一行人赶往城门追赶逃难富户）

东坡　老乡们，等一等，请听我说——

富家代表　有什么好说的，洪水要来了，不走，我们损失财产，丧失性命，你能负得起责任吗？

东坡　老乡们，这里是你们的根，你们在这里生活数十年了，一代代生生不息。我来这里仅仅三个月，我尚且能与城中的百姓共患难，你们与百姓怎么就不能共同战胜眼前的困难呢？我不走，你们最好也别走。

富家代表　（大家议论）你有信心战胜洪水吗？

东坡　请放心吧，我有治水的经验，我已经想好了应对之法，但是，我的设想需要大家与我齐心协力、共同努力来实现，否则，我孤掌难鸣。

富家代表　我们且看你如何抗洪，那就暂时留下吧。（富家大户纷纷回家休息）

东坡　来人，马上通知下去。一、每天安排人员监测外围城墙情况，不得有误。二、马上调集人员计算防堵工程安全系数，根据相关数据，组织人力加固城基和增加城高。三、联系军营负责人，我马上去拜访。四、紧急疏通城北黄河旧河道，以备分流黄河之水。五、各负责人安排人手做好城中百姓的安抚工作，稳定民心，并积极动员青壮年参加抗洪工作。

随从　是。

（东坡亲自到军营拜访将军。）

东坡　将军，东坡亲自来拜访您，我是不请自来，实为仓促，请将军莫见怪。

将军　不知太守前来，有失远迎，恕罪，敢问太守有何指教？

东坡　现洪水正威胁我徐州城，我已安排城中上上下下，积极参与抗洪工作，然而工作仍进展缓慢，恳请将军调动军队帮助抗洪。

将军　（欣然应允）大人都亲自督军，我们自然应当鼎力相助。

东坡　谢过将军。本人自当与全城百姓共患难，尽自己全力，保护家园。（东坡离营）

（十月初五，洪水消退，全城得救，百姓欢喜。1078年2月，皇帝嘉奖东坡，东坡兴建黄楼。）

使者　圣旨到！

（东坡一行人听旨。）

使者　奉天承运，皇帝诏曰，徐州抗洪，苏轼有功，特予钱三万贯，米粮一千八百石，员工七千二百个，在城外修筑堤坝，为徐州永保平安。

东坡　谢主隆恩，吾皇万岁！

使者　请问学士，下一步有何打算？

东坡　为防水患，修建堤坝；为保吉祥，修建百尺楼台，取名黄楼。

（1078年9月，黄楼举办落成典礼。）

东坡　现在黄楼落成了，百姓欢喜，我们为徐州人民尽了一点儿力，但还远远不够。有些小事儿，很容易做，但却没人做，为什么？一方面是没人想得到，另一方面是人们不屑于做。来人……

随从　在！

东坡　传令下去，改革吏治。一、关注囚犯健康问题，保障犯人应有的权利；二、军士因公出差，差旅费照发；三、严禁军中赌博饮酒。改革必须从我自身做起！

随从　是！属下马上照办。

随从　报告大人，您的信。

东坡　（接过信件）子由的信，唉！又是一年中秋。（读罢来信）拿纸笔来。

随从　（递上纸笔）大人请。

东坡　（写给子由的回信）（搭配与诗相匹配的背景）

中秋见月和子由

明月未出群山高，瑞光千丈生白毫。
一杯未尽银阙涌，乱云脱坏如崩涛。
谁为天公洗眸子，应费明河千斛水。
遂令冷看世间人，照我湛然心不起。
西南火星如弹丸，角尾奕奕苍龙蟠。
今宵注眼看不见，更许萤火争清寒。
何人舣舟昨古汴，千灯夜作鱼龙变。
曲折无心逐浪花，低昂赴节随歌板。

青荧灭没转山前，浪飐风回岂复坚。
明月易低人易散，归来呼酒更重看。
堂前月色愈清好，咽咽寒螿鸣露草。
卷帘推户寂无人，窗下咿哑惟楚老。
南都从事莫羞贫，对月题诗有几人。
明朝人事随日出，恍然一梦瑶台客。

（幕）

第二幕

入狱

时间 1079年，苏东坡42岁。

地点 开封

人物 东坡 苏迈 苏迈朋友 狱卒

〔开幕。1079年7月28日，苏东坡被捕，8月18日入狱。东坡之子苏迈前去探望狱中父亲。〕

苏迈 父亲，我来了。您怎样？

东坡 好，狱卒待我很好，每天都给我洗热水澡，感觉像回老家一样。

苏迈 那就好。

东坡　迈儿呀，此次为父入狱恐怕凶多吉少，你在外面多打探消息，一有消息，马上告之为父，也好让为父有个思想准备。

苏迈　好，可是我一有消息，如何第一时间传递给您呢？

东坡　你每天只许送蔬菜和肉食，倘若听到坏消息，你就送鱼。

苏迈　就按父亲大人的安排办。

（几天后，苏迈离开京城去别处借钱，把送饭之事托与朋友，可是忘记告诉暗号之事，友人想丰富一下东坡的伙食，送鱼慰问东坡。）

苏迈朋友　苏大人一向可好？苏迈有事，托我给您送来食物。

东坡　（看到送鱼，大惊）放这儿吧。多谢您。

苏迈朋友　不知大人还有何吩咐？

东坡　请您通知狱卒来吧，我有事告之。

苏迈朋友　好吧，请您多保重。过些时日我再来看您。（友人自去）

狱卒　（狱卒入）大人有何吩咐？

东坡　事情已经恶化，大概凶多吉少，请给我准备纸笔，我交代一下后事吧。

狱卒　（大惊）好，好，请稍等。（片刻取来纸笔）

东坡　（东坡给子由写信）予以事系御史台狱，狱吏稍见侵，自度不能堪。死狱中，不得一别子由，故作二诗授狱卒梁成，以遗子由。

圣主如天万物春，小臣愚暗自亡身。
百年未满先偿债，十口无归更累人。
是处青山可埋骨，他年夜雨独伤神。
与君世世为兄弟，再结来生未了因。

柏台霜气夜凄凄，风动琅珰月向低。
梦绕云山心似鹿，魂惊汤火命如鸡。
眼中犀角真吾子，身后牛衣愧老妻。
百岁神游定何处？桐乡知葬浙江西。

东坡 （东坡面对狱卒）老哥呀，我这一走，多谢您照顾，还要麻烦您将我的嘱托交由我的弟弟苏辙。

狱卒 大人不必忧伤，一切未尽可知，果真有什么意外，老奴定当尽力效劳。

太监 启禀圣上，看押苏轼的狱卒求见。

宋神宗 他来有何事？准见！

狱卒 报圣上，苏轼自知时日不多，十分伤心，特写信一封与其弟苏辙，现呈圣上裁决。

宋神宗 （接过东坡写给子由的信开始阅读）好一个苏轼，其心可悯，其心可忠呀。

太监 启禀圣上，皇太后请圣上速去见面。

宋神宗 快，快！（迅速赶往皇太后寝宫）

仁宗皇后 （语重心长地对着神宗）我记得苏东坡兄弟二

人中进士时，先帝很高兴，曾对家人说，我为子孙物色到了两个宰相之才。现在我听说苏东坡因为写诗正受审问，这都是小人跟他作对。他们没法子在他的政绩上找毛病，现在想借他的诗定罪与他。这样控告他不也太荒唐了吗？我是不中用了，你可别冤枉好人，那样老天爷是不容的。

宋神宗　儿臣遵命！来人，派人去狱中打探。

太监　（一天审问完东坡之后的晚上，暮鼓敲过，东坡正欲睡觉，一个人突然进屋，一言不发，躺在地上就睡了。东坡以为那人也是犯人，没去理他，自顾睡去，鼾声如雷，大概四更时分，那人推醒东坡）恭喜！恭喜！

东坡　（东坡不解）喜从何来？

太监　安心睡，别发愁。（说完就走了）

太监　（面向皇帝汇报狱中所见）启禀圣上，苏东坡看见奴家后，并未理会，整个晚上正如圣上所料，睡意安稳。

宋神宗　我知道苏东坡于心无愧！在黄州安置他吧。

〔结束语：东坡四十不惑之年的命运可谓跌宕起伏。参与抗洪，积极为民生而奔走，几乎每到一个地方，东坡都将自己的治水理念发挥到极致，造福一方百姓。黄楼是东坡政绩的历史见证，大江南北，类似黄楼的文物景观串联起东坡的足迹，成为中国文化的精神象征，滋养着一代代的华夏儿女。大仁，这是东坡仁智体现之一。无论遇到什么困难，随遇而安，坦然面对，不改自己的理想信念与人生价值追求。东坡一生，清醒至极，不妥协，不气馁，始终保持清醒的头脑，实践智慧人生，真正做到了知行合一，身心合一，学思合一。大智，这是东坡仁智体现之二。可以说，面对困难，东坡以大仁大智胸怀，将自己的人生推向波澜壮阔的生命长河，生生不息，奔流不止，穿越时空。叩问我们的心灵，人，到底应该如何行走？〕

（闭幕）

二、长征精神

（一）战胜对手

战斗与出发，拿起枪就战斗，放下枪就出发。战斗意味着生死，出发意味着疲劳。所谓对手，既是敌人也是自己。

——题记

第一幕

出发

——站起来，准备出发！

（始终有一个冲锋号，始终有一面红军旗帜，始终有一段音乐伴奏。）

第一节　十送红军

（观影《十送红军》）

时间　1934年10月

地点　江西瑞金

人物

蒋介石——国民党军事委员会主席，国民党最高领导人

博　古——中共临时中央总负责人（秦邦宪）

李　德——共产国际驻中国军事顾问（德国人奥托·布劳恩，化名华夫）

〔开幕。蒋介石与博古、李德的博弈，舞台两侧各有一个阵地，双方轮流下达命令，演绎进攻与防守。〕

蒋介石　1934年4月28日，广昌城头残阳如血。遭受重大伤亡的中央红军主力部队，黯然撤离城池。持续了十八天的广昌保卫战以红军的彻底失败而结束。全体同仁勿忘使命，第五次围剿仍在持续，本人亲自上阵，调集五十万大军节节逼近红军，逐步压缩，以守为攻，依托坚固工事，采取堡垒战术，消耗红军的有生力量。

博古与李德　坚决抵抗，与国民党军队决战！

蒋介石　不可轻进，步步推进。红军人数有限，我们要拖住红军，逐步蚕食。红军越与我们决战，我们越欢迎。

博古与李德　1934年7月，中共中央和中央革命军事委员会（简称中革军委）先后派出了两支部队分别北上、西征，以减轻反围剿作战的压力。7月初，以第7军团为基础组成抗日先遣队，

寻淮洲任军团长，乐少华任政治委员，粟裕任参谋长，刘英任政治部主任，北上闽浙赣皖边地区，创建游击区，建立苏维埃根据地。将士6000余人，最终会合红10军组建红10军团。7月下旬，以位于湘赣苏区的第6军团向湖南中部转移，开展游击战争，任弼时任中共中央代表，与萧克、王震组成军政委员会，任弼时任主席，将士9700余人，最终同红3军会合。

蒋介石　中央红军想分散我们的注意力，分别派部队北上、西征，我们不要上当。红军主力仍在江西瑞金，我们要抓住大鱼，切勿因小失大。通告将士，收缩兵力，全力合围。

博古与李德　1934年9月，中央红军苏区十分狭小，人力、物力匮乏，中央红军第五次反围剿行动败局已定。中央决定主力红军从10月底至11月初按红6军西征路线转移。

蒋介石　1934年10月6日，我军占领红都瑞金门户石城，胜利近在眼前，指日可待。

博古与李德　鉴于目前局势，中央决定立即向湘西实行战略转移。

10月10日，中共中央离开瑞金，渡过雩都河（贡水）开始突围。

（中央红军长征出发时实力统计：总人数86859人，持枪炮者35703人，约占总人数的41.1%。）

（背景展示乡亲们相送地点：大门口、村口、练兵场、大路旁、战将台、石桥旁、大湾旁、小河边。）

一送红军出大门，全家老少笑脸泪盈盈。粗茶淡饭未曾尝，为着穷人急急忙忙奔前程。

二送红军出村口，两脚沉沉抬步难行走。难忘亲人恩情重，千秋万代永远铭记在心头。

三送红军练兵场，战旗飘飘军号嗒嗒响。赛龙似虎雄赳赳，人欢马叫人人无不喜洋洋。

四送红军大路旁，心随亲人长征把路上。葛麻草鞋送一双，粗糙结实礼轻物薄情谊长。

五送红军战将台，军民同打白匪搞土改。胜利凯歌传苏区，鱼水深情牢牢记在咱心怀。

六送红军过石桥，水波涟涟再留住一宿。离别一日如一年，笑脸难开亲人一走内心焦。

七送红军过大湾，一步一步离开亲人远。此去何日重相见，风餐露宿难以把心安。

八送红军过小河，眼泪如梭有话难诉说。祝亲人旗开得胜，身心无恙人强马壮震八岳。

九送红军三里三，翻山涉水挥旗过大川。关山重重脚下踩，披荆斩棘为国为民保江山。

十送红军千里远，路途茫茫无奈日已偏。朝行夜宿多保重，杀尽白匪但愿亲人早日还。

（《十送红军》歌曲播放。）

（幕）

第二节　四渡赤水

（观影《四渡赤水》）

时间　1935年1月—3月

地点　赤水河畔

人物　蒋介石　毛泽东

〔开幕。赤水河是舞台背景。在舞台中央设置一条赤水河，一侧是黔北，一侧是川南，演绎与诠释着四渡赤水的路线。〕

毛泽东与蒋介石的对话一：初次交锋

蒋介石　（1935年1月19日）《长江南岸围剿计划》：令薛岳部中央军部队、黔军和湘军刘建绪部主力速向遵义地区推进，担负主要追剿任务，令川军、滇军和徐源泉、刘建绪各一部，担负堵剿任务，以上官云相部和徐源泉部主力为总预备队，待命而动。将中央红军压迫至川江南岸地区，合剿而聚歼之。

毛泽东　（1935年1月19日，中央红军撤离遵义地区。20日下达命令）《关于渡江的作战计划》：我红军目前的基本方针是，由黔北经过川南渡江后转入新的地域，协同红四方面军由四川西北方面实行总的反攻，以粉碎敌人新的围攻，并争取四川赤化。迅速向赤水及其附近地域集中，以便争取渡过赤水的先机，必要时在赤水以东地域与追击和截击的敌人进行决战。

（行动：土城战斗。）

（战斗过程：红军准备入川，四川军阀刘湘大惊失色，一怕红军入川与红四方面军会师，四川不保，即使消灭红军，蒋介石也会趁机而入。因此派川军模范师郭勋祺、潘佐两个旅紧紧咬住红军。1月27日，红军决定吃掉川军两个旅、四个团。土城战斗打响。）

（结果：国民党兵力占优。）

毛泽东　土城战斗是一场拉锯战、消耗战。我军没有消灭川敌，反而受到很大损失，不划算，也可以说是打了个败仗。主要教训有三：一是敌情没有摸准，原来以为敌军是四个团，实际上超出了一倍多；二是轻敌，对刘湘模范师的战斗力估计得太低了；三是分散了兵力，不该让一军团北上。

毛泽东与蒋介石的对话二：一渡赤水（从黔北入川南）

毛泽东　（中央革命军事委员会召开紧急会议）鉴于川军重兵云集，原定从赤水北上，在泸州、宜宾渡过长江的计划已经行不通。红军果断调整进军方向，作战部队与军委纵队彻底轻装上阵，从土城向西渡过赤水河，向古蔺南部推进，寻机北渡长江。

（1935年1月29日拂晓，红军主力分三个纵队渡过赤水河。）

蒋介石　（1935年2月2日，蒋介石重新调整部署）各部向川南地区推进，将红军困于长江以南，重新让红军面临第二次湘江窘境。

毛泽东　2月3日，中央革命军事委员会电示各军团：红军各军团以急行军的速度超过侧击之敌，迅速向长宁以南、扎西以北地区集中，先头部队率先入滇。

（行动：扎西整编。制定红军作战原则：敌变我变，高度机动，作战服从于作战方向。利用敌人过失，寻找有利战机。集中优势兵力，发挥运动战特长，主动消灭敌人。为此，部队进行整编，全军除干部团外，共编十六个团，每个团2000余人，建制减少，人数增加，机动力与战斗力大大提高。）

（结果：各自调整，积蓄力量。）

毛泽东与蒋介石的对话三：二渡赤水（从川南入黔北）

蒋介石　扎西为苦寒之地，时值冬季，给养困难，命令部队，合围扎西，一鼓作气荡平红军主力。

毛泽东　现国民党党部后方空虚，黔北只有遭受过重创的王家烈部。回师东进，再渡赤水，重占遵义。为了行动的顺畅与快捷，发布指战员书，统一思想，统一认识，统一行动。（中共中央、中革军委发布《告全体红色指战员书》，指出：由于敌人集中全力依托长江天险布防，阻拦红军北进，更由于党中央和中革军委不愿因为地区问题牺牲红军的有生力量，所以决定暂时放弃北渡长江、向川西北发展的战略计划，改在云贵川创立根据地。为了取得胜利，我们必须寻求有利的时机去消灭敌人，在不利的条件下，我们应该拒绝那种冒险的没有胜利把握的战斗。因此，红军必须经常地转移作战地区，有时向东，有时向西，有时走大路，有时走小路，有时走老路，有时走新路，而唯一的目的就是为了在有利的条件下求得作战的胜利。这是在敌强我弱的条件下，红军进行机动作战的基本原则，全体红军官兵应鼓起百倍的勇气，增强作战信心，为消灭敌人，创建新的云贵川新苏区而斗争。）

（行动：1935年2月11日，中央红军由扎西开始东进。红5军团、红9军团担负佯攻迷惑滇军。巧设疑兵——红5军团第37团的作战方法。团长李屏仁，政委谢良。声东击西，诱敌牵敌，红军摆出了北渡长江的姿态，吸引迷惑川军主力。1935年2月20日，红军主力全部渡过赤水河，进入黔北。

1935年2月24日至28日，红军连下桐梓、娄山关、遵义，歼灭和击溃国民党军两个师又八个团，击毙击伤敌人2400余人，俘虏敌人3000余人，武器与物资得以补充，红军战斗士气大涨。）

蒋介石　这是“国军”追击以来的奇耻大辱。

（1935年3月1日，红军重占遵义。）

（结果：红军占优。）

毛泽东与蒋介石的对话四：三渡赤水（从黔北入川南）

蒋介石　（1935年3月2日，蒋介石由南昌飞往重庆）命令：本委员长已进驻重庆。凡我驻川、黔各军，盖由本委员长统一指挥。如无本委员长命令，不得擅自进退。

（1935年3月4日，中革军委发布命令，决定成立红军前敌司令部，任命朱德为司令员，毛泽东为政治委员。）

毛泽东　蒋介石故伎重演，又想利用堡垒战术与重点进攻相结合的老法子。我们从3月5日截获的国民党电报中获悉，周浑元的两个师准备于6日向香坝、白腊坎进军。命令部队歼灭周浑元两个师。

蒋介石　（3月5日深夜观察地图）周浑元部队前进过快，孤军冒进，极易遭受红军打击，吴奇伟在遵义的两个师不就是这样被消灭的吗？急电：薛岳、周浑元部，红军向遵义以西地区集中，企图有二：一是放弃遵义，仍向西窜，力求达到其原来的目的；二是先求与我周纵队决战，然后再向南对贵州施压。命令周浑元部变守势防御，不可轻易前进。

（战斗双方继续在黔北地区周旋，等待对方破绽的出现。蒋介石对各部部署逐渐到位，包围圈逐渐缩小，时机成熟。此时蒋介石下令，全线前进，合围聚歼红军。）

毛泽东　根据形势变化，确定新的战略方针：红军以黔北为主要活动区域，并应控制赤水河上游，以此作为转移枢纽，以消灭薛岳兵团及王家烈部队为主要目标。对川、滇敌人须在有利而急需的条件下，才应与其作战，求得消灭其一部。

（1935年3月14日，红3军团在长干山附近设伏，准备攻击北上的吴奇伟两个师，但吴有前车之鉴，部队刚进入枫香坝便停止了前进，红军歼敌计划落空。）

毛泽东　在长干山附近设伏并没有消灭吴奇伟部，通知主力部队立即西进，一方面派出工兵部队和小分队到达赤水河上游，控制渡河点，架设两座浮桥。另一方面全力进攻鲁班场周浑元部，以期打破僵局，打乱国民党部署，争取战略上的主动地位。（1935年3月15日凌晨，鲁班场战斗打响，周部占据有利地势，依托坚固工事，双方形成对峙局面。双方各有伤亡）

蒋介石　下令周浑元部固守待援，其他部队迅速向鲁班场推进，全力合围红军。

毛泽东　（1935年3月15日晚20时，中革军委下达命令）红军立即撤出战斗，迅速向茅台及其附近地区转移。

蒋介石　红军已被困在赤水北岸，我主力部队全部调至黔北地区，一举歼灭“共匪”。

毛泽东　（1935年3月16日18时，中革军委下达《三渡赤水河的行动部署》命令）我野战军决定于16日晚出发，至17日12时以前，由茅台附近全部渡过赤水河西岸，寻求新的战机，并任命干部团团长陈赓、政委宋任穷为全军渡河司令员、政委。红军由黔北再入川南。

（结果：互有胜负，不分伯仲。）

毛泽东与蒋介石的对话五：四渡赤水（从川南入黔北）

蒋介石　（1935年3月20日）以如许大军，包围“共匪”于狭小地区，此乃聚歼匪徒之良机。“剿匪”成功与否，在此一举，若再不歼灭红军，何颜再立于斯世！

毛泽东　四渡赤水！三渡赤水之时，我已嘱咐总参谋长刘伯承同志令工兵连长王耀南带人秘密维修二渡赤水时在太平渡、二郎滩架设的浮桥，如今正好当用之时。（1935年3月20日，中革军委下达命令）红1军团的1个团伪装成主力，吸引川军、滇军向西，红军主力迅速东进，限21日夜秘密渡过赤水河，再入黔北。

蒋介石　（1935年3月24日）“共匪”已是强弩之末，现今被迫逃入黔境，寻求渡江地点未定，他们前遭堵截，后受追击，浩浩长江俨如天堑，环山碉堡星罗棋布，“共匪”走投无路，现只需收紧包围圈，就可将红军在以遵义为中心的黔北地区一网打尽。

（1935年3月24日，毛泽东指挥红军挥师南下，离开黔北，乘月夜前进，争取南下的机会。）（1935年3月27日，红9军团在军团长罗炳辉、政委何长工的带领下在黔北执行诱敌任务。红9军团伪装成红军主力，牵制中央军周浑元、吴奇伟纵队，挂起红色标语，路两侧燃放烟花扮炊烟，散布假消息，诱敌向北。红9军团一路上大造声势，召开群众大会，四处张贴标语，红旗招展，宿营地炊烟四起，蒋介石深信不疑，认为终于抓住了红军主力，将全部兵力重心放在此处。红9军团忽东忽西，忽南忽北，国民党军队紧追不舍。待红军主力渡过乌江后，红9军团开始单独行动。1935年5月21日，红9军团与红军主力会师。）

毛泽东　（1935年3月30日至31日）红军主力部队南渡乌江，彻底摆脱了国民党部队黔北包围圈。

蒋介石　我们有这么多军队来围剿，却任他们东逃西窜，好像把我们军队玩弄了一般，这实在是我们最可耻的事情！比方说这一次，他们由乌江北岸南窜，虽然我们的军队没有受到什么损失，但是任他们偷渡乌江，以致失去了最好的机会而不能将他们剿灭，将来战争史上评论起来，这就是我们最大的失败。

（结果：红军四渡赤水战法为走中有打，打中有走，退中有进，进中有退，声东击西，忽南忽北，奇正圆合，虚实汇融，迭出奇兵。最终红军再渡乌江，国民党部队错失良机，红军成功突围。）

（幕）

第二幕

战斗

——停下来，准备战斗！

（始终有一个冲锋号，始终有一面红军旗帜，始终有一段音

乐伴奏。）

第一节　血战湘江

（观影《血战湘江》）

时间　1934年11月

地点　城口镇　湘江

人物

曾保堂——红1军第2师第6团第1营营长

林　彪——红1军团军团长

聂荣臻——红1军团政委

左　权——红1军团参谋长

董振堂——红5军团军团长

刘伯承——红5军团参谋长

陈树湘——红34师师长

程翠林——红34师政委

〔**开幕。国民党对中央苏区的第五次围剿共动用50万部队，由蒋介石坐镇南昌指挥，北路军顾祝同率嫡系部队，南路军广东军阀陈济棠率粤军，西路军湖南军阀何键率湘军，北路军蒋鼎文率嫡系部队，国民党各路部队在蒋介石的调动下形成四道防线，红军为此付出了巨大的伤亡代价。**〕

第一道防线，桃江防线，突破南路军广东军阀陈济棠粤军防线，红军减员3700人。

第二道防线，汝城、城口防线，红军减员9700人。

第三道防线，郴县、宜章防线，红军减员8600人。

第四道防线，湘江防线，红军减员24000人。

至此，红军从长征出发时总人数的86000人锐减到40000人。

城口镇，位于广东省与湖南省交界的山区，河水环抱，四周为起伏的山冈，地势险要，易守难攻。公路从镇中穿过，是粤入湘必经之路。国民党一个团（地方军）700余人凭险固守，红军方面把任务交给了红1军第2师第6团第1营。

林彪　城口地势险要，易守难攻，国民党军队在此设置第二道封锁线，想挡住我们的去路。

聂荣臻　既然如此，必须拿下这个障碍，摧毁它，保证我们主力红军顺利通过。

林彪　中央已经与粤军军阀陈济棠谈判，陈有意借道给我们，前提是红军不进入广东。问题是时间不能等，必须先打通这条生命线。

左权　我建议就将这个艰巨的任务交给红1军第2师第6团第1营。

林彪　营长是曾保堂？

左权　没错，就是他。

林彪　好，马上把他叫来。

曾保堂　报告首长，第2师第6团第1营营长曾保堂报到。

林彪　好，保堂，辛苦了。

曾保堂　不辛苦。首长，有什么任务？请指示。

林彪　保堂，你看（指向地图），从部队驻地到城口，需西行110多公里，沿途要经过民团、保安队设置的碉堡、路卡。现在是1号下午，我命令你1营黄昏出发，务必在2号天黑前赶到城口，并迅速发起战斗，抢在国民党主力部队到达前夺取城池，并就此坚守阵地，保证大军西行。

左权　我建议1营沿大路跑步行进，争取时间。沿途如遇民团，不许纠缠，可冒充国民党正规军通过，实在不行就硬闯，一步也不可停留。

聂荣臻　必须不惜一切代价抢在敌人主力部队到达前夺取城口，使我主力部队能从这个唯一的口子突出去，几万红军战士的生命就托付给你们营了。

曾保堂　（热血沸腾）请首长放心，保证完成任务！

林彪　好，我等着你们的好消息。

曾保堂　（回到驻地）马上集合！（集合毕）同志们，首长将一项光荣的任务交给我们1营，从这里到西面的城口，有110多公里，首长要求我们明天天黑前拿下城口，保证主力红军通过，这是入湘的唯一通道。现在国民党部队正向城口集结，我们时间紧、任务重，大家有没有信心完成任务？

全营战士　有！

曾保堂　全体人员上刺刀，呈四路纵队沿大路跑步前进。

国民党民团　（走出离碉堡不远处）站住！干什么的？

红军侦察排长　（边跑边骂）老子是中央军，你们瞎诈唬什

么？有胆子下来看看，惊动了红军，老子毙了你们。（国民党民团守碉堡的人灰溜溜地回去了）

曾保堂 通知全营，早饭边走边吃。

红军侦察排长 （11月2日黄昏时分）报告营长，我们到达目的地，前方就是城口镇。

曾保堂 通知全营，准备战斗，偷袭加强攻，侦察排解决镇内敌军，2连3连迂回镇边山冈，摧毁碉堡，力争迅速结束战斗。其余的跟我走。（说罢大摇大摆地走向桥头）

民团哨兵 （大惊，用手电筒乱照）站住，你们是什么人？

红军战士 瞎照什么？老子是中央军，叫你们当官的出来说话。（边说边急步走向桥面）

民团哨兵 （拉动枪栓）不许动！只能先过来一个人说话。

红军战士 （边走边骂）怎么着，连老子都不给面子，你们还反了，不想活了。（急速来到哨兵面前将其击倒）

曾保堂 （泅渡过河的红军士兵也快速冲上来）冲啊！（民团不知所措）（全营不到3个小时就占领了阵地）

曾保堂 加紧整修工事，准备迎击敌军主力部队。

红军战士 （第二天上午）报告营长，抓住了一个敌人便衣。

曾保堂 如实交代，你是什么人？

侦探 我是“国军”，昨天黄昏听到此处有枪炮声，师部派我来侦察情况。

曾保堂 你们有多少人？

侦探 一个师。

曾保堂 距离此处有多远？

侦探 10公里，不过，听到枪声，师长已命令部队后退20公里待命。

曾保堂 （倒吸了一口冷气）多亏我们早到两个小时，否则让国民党部队先到一步，后果就不堪设想了。来人呀，通知军团总部，我营正据守城口，请主力红军及时通过。

（1934年11月28日，蒋介石大发脾气，严令各部迅速合围参战，绝不能错过在湘江决战的大好时机。国民党各路部队倾巢出动，从四面八方扑向红军，湘江两岸霎时间枪炮震天、硝烟弥漫，国共双方几十万部队展开了四天四夜的惨烈搏杀。直至12月1日17时红军主力部队完成渡江并撤出战斗。）

董振堂 湘江之战开始，红34师与第5军团其他部队在渡口、土地圩顽强阻击国民党军周浑元部，重创进攻之敌，为前锋部队抢占道县和湘江渡口赢得了时间，功不可没。

刘伯承 红34师是由闽西地方武装发展起来的一支部队，原为红军19军，1933年5月红一方面军整编为34师，编入红5军团，大多数为原红4军骨干及红军学校毕业生，作战经验丰富，指挥力强，训练有素，政治觉悟高，战斗力强。

董振堂 红军长征后多次担负防卫任务。

刘伯承 这一次也不例外。

董振堂 中革军委命令红34师迅速在广西灌阳的红树脚地域接替红3军团第6师的阵地，坚决阻击桂军北上，掩护后续到来的第8军团西进，尔后即为全军的后卫，掩护全军渡过湘江。

陈树湘 坚决完成军委交给我们的任务，为全军团争光！

程翠林 请首长放心，人在阵地在，我们坚决完成任务！

刘伯承 此次湘江战役，国民党的部队势在必得，中革军委也做了最坏的打算，万一被敌人截断，全师可返回湘南开展游击战争。朱总司令与周总政委让我转告你们，相信34师一定能完成这一伟大而艰巨的任务。

陈树湘 请首长放心，我们即刻行动。

程翠林 （部队由雷口关进入广西）树湘，情况不好，桂军第15师主力已经通过了红树脚，切断了我们的通道，正赶往新圩。

陈树湘 是呀，后面周浑元部也正迅速地逼近我们。

程翠林 先打周浑元。

陈树湘 命令部队在永车附近进入防御，全力阻击周浑元。

（战斗打响。）

程翠林 敌人兵力太多了，4个师加上飞机大炮。我军伤亡很大。

陈树湘 命令全师，誓死保卫阵地，为主力部队过江创造条件。

程翠林 好，我带人从另一侧攻击敌人。

陈树湘 随我来，上刺刀，跟我冲。（又打掉一轮敌人的进攻）

士兵 报告师长，程翠林政委……

陈树湘 怎么了？

士兵 程政委牺牲了，我师还剩下几百人了。

陈树湘 主力红军如何了？

士兵 我们已经坚守了四天四夜，主力红军已经于1日全线通过湘江。

陈树湘 好，我们终于完成了任务。现在湘江已经被敌人占领，我们已经陷入了中央军、湘军、桂军的包围。只有全线向东回湖南打游击了。走！（红军战士饥餐露宿、疲惫不堪、边走边打）

士兵 师长，我们已到达新圩，现在已经被包围。

陈树湘 （召集师团干部开会）同志们，我们召开最后一次团以上干部会议。特殊时期，我做两项规定：第一，寻找敌人力量最薄弱的地方，全力突围，按照中革军委的指示，到湖南开展游击战争；第二，万一突围不成，要像革命军人那样战斗到最后一刻，誓为苏维埃新中国流尽最后一滴血。

“为了苏维埃共和国，冲啊！”

战斗再一次上演悲壮场景。大部分官兵牺牲。陈树湘受伤被抬至湖南道县被俘。敌人听说抓到红军师长，欲请功领赏。29岁的陈树湘将自己的肠子从肚子中拉出来绞断，壮烈牺牲。红34师官兵以高度顽强的革命意志和无比英勇的浴血搏杀，胜利完成了中革军委所赋予的全军防卫作战任务，用生命和鲜血保证了红军主力部队渡过湘江，以最为壮烈的方式完成了最后一战。作为一支队伍，红34师从红军和人民军队的序列中永远地消失了，但红34师将士所建立的丰功伟绩，将永载史册，与日月争辉。

（幕）

第二节　强渡大渡河

（观影《强渡大渡河》）

时间　1935年5月

地点　大渡河

人物　毛泽东　刘伯承　聂荣臻　杨得志　孙继先　陈万清　通信员　川军士兵

〔开幕。毛泽东亲访安顺场。〕

聂荣臻　大渡河是岷江最大的支流，两岸高山耸立，河道陡峭险峻，急流汹涌，险滩密布，宽处达1000多米，水深7至10米，人称"天险"。如今身临其境方才确信，果真如此呀！

刘伯承　1863年5月，太平天国翼王石达开率军数万渡过金沙江后，抵达大渡河畔的紫打地，也就是如今的安顺场渡口。正如现在的红军处境，前有大渡河，后有金沙江，进退两难。同样，太平军也是转战浙、闽、赣、湘、桂、黔、川各地，纵横万里，势如破竹，威震大江南北。而如今红军面临的困境比太平军凶险得多。

聂荣臻　清朝四川总督骆秉章调兵遣将，据险阻击太平军。当地两个土司在骆秉章的重赏之下背弃许给石达开的让路诺言，斩断松林河上的铁索桥，坚壁清野，并用巨石滚木堵塞山路。太平军数次强渡大渡河、松林河，皆因水势太猛、清军炮火猛烈而失败。最终部队进退不能，粮草枯竭，疾病流行，全军覆没。

毛泽东 1935年5月26日，蒋介石由重庆飞往成都，电勉各部大渡河是太平天国石达开大军覆灭之地，今红军入此彝汉杂居之处、一线中通、江河阻隔、地形险峻、给养困难的绝地，必步石军的覆辙，希望各军、师长鼓励所部建立殊勋。

刘伯承 前面有块石碑，还有文字。

（在距安顺场约三公里的一个山脚下，耸立着一块石碑，上面记录着石达开全军覆灭的史实。毛泽东仔细看完碑上文字，沉思片刻。）

毛泽东 石达开不是一个有才干的战略家。既然渡不过大渡河，为什么不沿左岸直上，进入西康？为什么不向下走，到大树堡拐回西昌坝子？或者再往下走，到大凉山东的岷江沿岸呢？那里的活动区域不是很大吗？现在，我们红军也来到了石达开失败的地方。蒋介石和四川军阀亦认定，摆在我们面前的注定是石达开的命运，幻想也把红军消灭在安顺场。这石碑为我们红军竖起了一个教训。石达开没有走通的路，我们一定能走通！

刘伯承 主席，任务就交给我们吧。

毛泽东 这次渡河，关系全军成败，一定要战胜一切困难，完成任务，为全军打开一条通向胜利的道路。

（1935年5月24日，红1师第1团由先遣队司令刘伯承、政委聂荣臻直接指挥，冒雨直扑安顺场。晚8时，团长杨得志、政委黎林下达作战部署：1营夺取安顺场，2营向下游佯动，3营为预备队。刘伯承、聂荣臻亲自向1营营长孙继先部署任务，要求迅速夺取渡口，找到船只，做好渡河的一切准备。）

杨得志　（亲率1营参战）1营三路攻击：1连正面攻击，从安顺场南面冲入镇内；3连从左侧出击，从安顺场西南冲锋；2连和营部机枪排则由镇东南面沿着大渡河边迂回攻击，直插渡口，堵住守敌退路，并负责找船。要求全体官兵攻击一定要猛、快，泰山压顶，一鼓作气，迅速结束战斗。

（川军唱戏、拉琴、打麻将）（川军四散逃命）

通信员　缴枪不杀！

杨得志　什么人？

川军士兵　长官饶命，我只是奉命在此。

通信员　说！鬼鬼祟祟干什么的？

川军士兵　我给我们头儿看船。

杨得志　船？（大喜过望）通信员，赶紧押他到1营，令孙继先马上拉船，找船夫。

孙继先　跟我来。（随俘虏一起来到河边拉船）用力！用力拉！通知下去，动员群众，寻找船夫。

刘伯承　孙继先，你该死！为什么不发信号？

孙继先　什么信号？（先是一脸茫然后猛然省悟，一拍脑袋）是该死，光顾拉船找船夫了，把这事儿给忘记了。

刘伯承　有了船就好。你们先回去睡觉。天亮后，我把街上能买到的能吃的东西都给你们买上，吃完早饭以后开始强渡过河。

杨得志　（1935年5月25日上午，安顺场渡口）孙继先，你负责挑选突击队员。

孙继先　那就从2连选人吧。（同志们争先恐后，竞相说明自己的理由，毫不相让，孙继先为难了）

聂荣臻　算了，不要争了，就由营长下命令，让谁去谁去！（孙继先与杨得志商量）

孙继先　我宣布16人名单：第2连连长熊尚林，第2排排长罗会明，第3班班长刘长发、副班长张克表，3班战士张桂成、肖汉尧、王华停、廖洪山、赖发秋、曾先吉，第4班班长郭世苍、副班长张成球，4班战士肖桂兰、朱祥云、谢良朋、丁流民。（出列）

陈万清　我也去，我一定要去！

孙继先　2连通信员陈万清，你解放遵义时才入伍的吧？

陈万清　是，我坚决要求参加渡河行动！

孙继先　（回头望杨得志）这？（杨得志点点头）

孙继先　好吧，17人参加渡河战斗。（陈万清破涕为笑，跑入参战队列）

杨得志　（神情庄重）同志们，红军的希望就寄托在你们身上。你们一定要渡过河去，消灭对岸的敌人！

孙继先　突击队员，每人一把大刀、一支冲锋枪、一支短枪、八颗手榴弹，随时准备出发。

刘伯承　（看了看表）通知部队，9时整强渡。将部队六挺重机枪、几十挺轻机枪、三门迫击炮各就各位。神炮手赵章成做好准备。

孙继先　船小人多，分两批行进。熊尚林，你带八人先上。其他人随我待命。

刘伯承　打！（渡江战役开始）赵章成，敌人碉堡火力太猛，威胁太大，给我把它端了。

杨得志　机枪掩护，给我狠狠地打！

（小船忽然撞上礁石下滑，泛起巨大旋涡，司号员惊呆了，停止了吹号。）

刘伯承　号声为什么停了？继续吹。

（九名勇士靠近敌岸，扔出手榴弹，冲上敌岸，小船驶回接第二批突击队员。）（敌人冲向几名突击队员。）

刘伯承　叫赵章成开炮。重机枪！敌人反冲锋，我们的队员危险！

（第二批突击队员携带两挺轻机枪赶到。）

孙继先　组织火力，将携带的所有手榴弹全部扔出去，保证冲锋！机枪掩护，全线冲上！

（大渡河天险突破。）

毛泽东　坚信中国革命能够成功的坚定信念，使作战部队全军上下对这次作战充满了必胜的信心。勇士们正是凭着对中国革命的无限忠诚，发扬大无畏的革命英雄主义精神，不怕困难，不怕牺牲，冒着敌人密集的炮火向河对岸冲去，并成功地为后续部队打开了一条通道。红军成功地渡过了大渡河，十八勇士在作战中的英雄壮举，在中国革命战争史上写下了光辉的一页。

“强渡大渡河”是中国工农红军在长征途中的一次著名战斗。

（幕）

（二）征服自然

我们应该感谢草地与雪山。在和平年代，草地与雪山是自然之美；在战争年代，草场与雪山是天然的屏障。没有草地与雪山，谁也挡不住围追堵截的敌人，敌人也会紧紧咬住红军；有了草地与雪山，挡住了敌人却挡不住红军，草地与雪山成了敌我之间的分水岭。

——题记

第一幕

雪山

——起伏的路上更艰辛！

（始终有一个冲锋号，始终有一面红军旗帜，始终有一段音乐伴奏。）

（观影《走过雪山草地》）

时间　2016年8月

地点　宝兴县硗碛村夹金山

人物　老红军　小金子（老红军的孙子）

〔开幕。夕阳无限好，黄昏霞满天。远处走来一老一少，老的是当年长征经历翻越雪山的老红军，小的是他的孙子小金子。〕

爷爷　小金子，累不累呀？

小金子　还行。不过说实话，真够远的。

爷爷　你知道这是哪里吗？

小金子　是呀，爷爷，学校放暑假了，同学们都去旅游点玩去了，可你为什么带我到这里来呀？

爷爷　爷爷老了，现在不带你来，恐怕就没机会了。这就是当年爷爷长征路过的地方。

小金子　我明白了，今年是红军长征胜利80周年。老师一直教导我们，发扬革命优良传统，您是想让我亲自感受一下当年红军的艰苦历程。

爷爷　这是其一，你知道爷爷为什么给你起了个小金子的小名吗？

小金子　不知道。

爷爷　你看看眼前这座山，它叫夹金山，是当年我们红军翻越的第一座雪山。"金"字就是这么来的。

小金子　夹金山，夹金山，小金子，爷爷快给我讲讲。

爷爷　翻雪山，指的是1935年6月中央红军强渡大渡河，在汉源击溃川军杨森部后，经天全、芦山抵达宝兴。6月12日，中央红军1师4团作为全军先遣队来到宝兴县硗碛村，就是从这个村

子出发，翻越长征以来的第一座雪山——夹金山，就是前面的这座山。（老人用手指向前方）

小金子 夹金山是怎样的一座山呢？

爷爷 夹金山，藏语名字叫宁旺亚布，总面积840平方公里，主峰海拔4950多米的夹金山，被当地藏族同胞视为“连鸟儿也难以飞过”的神山，一上一下要走35公里路，高山缺氧，积雪终年不化，翻越十分困难。提起红军长征，自然就会想到过雪山草地，其艰苦程度的确是让人难以想象的。

小金子 爷爷，如果用一个字来形容爬雪山，那是什么字呢？

爷爷 苦。

小金子 为什么呢？

爷爷 雪山有形，寒冷无形。

小金子 如果用两个字形容呢？

爷爷 悲壮。

小金子 为什么？

爷爷 过雪山牺牲的战友被冻成了“石头”。

小金子 有那么冷？

爷爷 开始的时候是白天翻越。狂风暴雪，战士们成了一个个雪人。行走在“怒吼”的雪山上，好多战士来自南方，身着破烂的单衣，打满血泡的脚上缠着干树皮……有一天，我实在走不动了，朦胧间看见前面有一块大石头，就把小包袱放在上面，想坐下来歇息一会儿。谁知，刚一坐下，大石头就歪倒了——原来是前面部队牺牲的战友，身子已经僵硬了。经过一碰滑倒后像炮弹一样飞了出去，在冰崖下没了踪影。

小金子　“石头”原来是这么回事儿。

爷爷　夜幕降临，战友们挤在雪洞里，实在冷得不行了，大家就人靠人挤在一起，用体温相互取暖。因为极度疲劳，不知不觉就睡着了……第二天，我们醒来了，只有副班长还躺着，一动不动。我喊了两声，他也不理。过去一推，才知道副班长已经冻死了。就是这样，每一次休息过后继续行军时，总有一些战友再也不能站起来了。

小金子　为什么不晚上过雪山呢？

爷爷　先头部队白天翻越雪山时，因狂风暴雪袭击，损失比较大，后来决定夜间行军。黄昏时分，部队出发了。借着残月微光，踩着前面趟出的冰雪路，一个紧跟一个，踏着蜿蜒崎岖的雪路向前摸索行进。开始行军时，大家情绪还十分高涨，有说有笑，行军速度较快，掉队的也少。越往上爬，积雪越厚，天气越冷，空气也越稀薄，人的体力消耗也越大。夜越来越深，风越刮越紧，雪越下越大，战士们个个都变成了雪人，整个队形好似一条银蛇，在雪山上缓缓移动。每个人都默念一句话：坚持就是胜利。

小金子　听说当年还有像我这个年纪的小战士呢。

爷爷　是呀，十多岁的孩子呀。我那时也才十几岁，爬雪山没法背呀，有的战士实在爬不动了，就紧紧抓住马尾巴，踩着马蹄印，踉踉跄跄地走了一段，人借马力，才缓过劲来。

小金子　真苦呀！

爷爷 越往上爬，山势越陡，道路越滑，好多战士的双脚都冻得失去了知觉，甚至走一步跌一跤。有的战士摔进了深谷，有的战士滑入了雪坑，还有的战士硬挺挺地冻死在路旁。

小金子 太悲壮了！

爷爷 在长征中，红一方面军先后翻越了夹金山、梦笔山、雅克夏山、昌德山、打古山等5座海拔4000米以上的雪山。红二方面军是三大主力红军中最晚进入雪山地区的，翻越的雪山却最多。先后翻越了哈巴雪山（玉龙雪山）、大雪山、小雪山、扎拉亚卡山、海子山、马巴亚山、恶热山、麦拉山、瓮水、邯坡等20多座雪山。红四方面军是最早踏入雪山地区的部队，由于曾3次跋涉雪山草地，所以，在雪线以上区域停留时间最长。红桥山、夹金山、梦笔山、雅克夏山、昌德山、打古山、党岭山、巴郎山、鹧鸪山等都留下了他们的足迹，累计翻越雪山超过20次。

（幕）

第二幕

草地

——平坦的路上也崎岖！

（始终有一个冲锋号，始终有一面红军旗帜，始终有一段音

乐伴奏。)

(观影《走过雪山草地》)

时间 1935年8月

地点 四川毛儿盖草地

人物

指导员——与战士同甘共苦,积极奔走的联络负责人。

老红军——参加过广昌起义的老红军。

张思德——为了战友们的生存,自己亲尝百草,冒着中毒的危险,不顾个人安危,将生的希望留给战友。

伤病员——一个在战斗中受伤的突击队员。

老班长——炊事班长,快40岁了,个儿挺高,背有点儿驼,四方脸,高颧骨,脸上布满皱纹,两鬓都斑白了。因为全连数他岁数大,他对大家又特别亲,大伙儿都叫他“老班长”。

小红军——小家伙儿不过十一二岁,黄黄的小脸,一双大眼睛,两片薄嘴唇,鼻子有点儿翘,两只脚穿着破草鞋,脚冻得又青又红。

〔开幕。草地位于青藏高原与四川盆地的过渡地带,面积约15200平方公里,海拔在3500米以上。草地,其实就是高原湿地,泥质沼泽。沼泽生长的植被主要是藏蒿草、乌拉苔草、海韭菜等,形成草甸。草甸之下,积水淤黑,泥泞不堪,浅处没膝,深处没顶。远远望去,似一片灰绿色海洋,不见山丘,不见树木,鸟兽绝迹,人烟荒芜,没有村寨,没有道路,东西南北,茫茫无限。人和骡马在草地上行走,须脚踏草丛根部,沿草甸前进。若不慎陷入泥潭，无人相救，会愈陷愈深，乃至被灭顶吞没。草地区域气候恶劣，变幻莫测。每年的5月至9月为草地雨季，沼泽遇水，无路可走。红军正是在这个季节经过草地的。〕

〔第一天：宿营难〕

指导员　从毛儿盖出发，走了30多公里的路，天快黑了，咱们就在这个无名草地上宿营吧。

老红军　这里一个房子也没有，只有一些低矮的小树，咱们折些小树枝搭一个小棚，我们几个人挤在一起过夜。

张思德　好主意。

指导员　草地净是泥泞积水，一般很难夜宿。行军到了傍晚，往往要找一个土丘、河边、高地，比较干一点的地方宿营。如果找不到比较干一点的地方，就只好在草地里露宿。

小红军　怎么露宿？

老红军　或者就地而卧，或者坐着打盹，或者背靠背睡一会儿。

指导员　在草地上露宿，还要担心睡着后跌倒或滚到深水泥沼里去，那样就没命了。因此，需要几个人轮流“值班”，以免发生不幸。

伤病员　看起来老天得下一夜大雨，小棚无法挡雨，我们几个人被雨淋得浑身湿透，无法入睡，咱们说说话吧。

老班长　讲故事、说笑话、猜谜语或唱歌儿。

小红军　讲讲毛主席吧。

指导员　小鬼，你知道吗？这次行动就是党中央毛主席的决定。

小红军　毛主席用兵如神！听说四渡赤水把国民党的部队绕得团团转。

指导员　的确是这样！我们红军越打越会打，就是以运动战、歼灭战来消灭敌人，让几十倍于我们的国民党部队毫无办法。就说赤水吧，咱们竟然四渡赤水，谁能想到？后来我一直问我自己，就是让我天天想，我也想不到绕着赤水渡四次。你知道吗？不是说被国民党部队赶着渡赤水，而是我们主动四渡赤水，特别是从敌人眼皮子底下渡过。甭说敌人想不到，就是我们红军自己都想不到。特别是忽明忽暗，四渡赤水出奇兵，敌人根本不知道我们到底要干什么。党中央毛主席在决定第一次渡赤水时就想到了四渡甚至更长远的将来，特别是我们竟然打到了蒋介石的眼皮子底下——贵州官邸，简直就是下了一盘妙棋。

〔第二天：行路难〕

指导员　同志们，我们已经完全进入了草地，你们看看四周，就连矮小的树木也见不着了。

老红军　行路难，难在没走过，就连我也缺乏这样的经验，看来战士们需要付出艰辛的努力了。

张思德　在沼泽地行走，不仅天气变化无常，而且地面完全是水草，真是名副其实的草地。

伤病员　前面的部队传来消息，让战士们选择在草堆上走，小心掉入沼泽坑内，已经有同志陷入沼泽，而且越陷越深。有的同志就这样永远地出不来了，不少骡马也因陷入沼泽坑内出不来。

老班长 茫茫草地，一望无际，遍地是水草、沼泽、泥潭，根本没有路。伤病员，你拄着棍子探探深浅，几个人搀扶着走。

老红军 同志们，长征就是走出来的，我们翻越雪山尚且不怕，还怕草地吗？加把劲！

指导员 老红军说得对，我们一起克服困难，走出困境。

〔**第三天：御寒难**〕

指导员 草地天气，一日三变，温差变化真大。

老红军 是呀！早上，太阳出得晚，很冷；中午晴空万里，烈日炎炎；下午往往突然黑云密布，雷电交加，暴雨冰雹铺天盖地而来，或者是雨雾朦胧；夜间气温降至零摄氏度左右，冻得人瑟瑟发抖。

老班长 红军战士过草地前，大多衣单体弱，穿着草鞋甚至赤脚的也不少。天太冷了，前两天还能喝点酒或嚼点辣椒驱寒，但酒、辣椒都带得太少了，不够用，现在已经没有了。

伤病员 天气是风一阵雨一阵的，身上是干一阵湿一阵的，肚里是饱一顿饥一顿的，走路是深一脚浅一脚的。特别是我这个伤病员，还拖大家的后腿，我心里真是过意不去呀。

小红军 看！前面有条河。

指导员 河宽不到20米，没问题，走！

老红军 水流很急，水冷如冰，同志们注意。

小红军 水深齐腰了。

指导员 大家互相搀扶，不要被急流冲走，注意伤病员。

老红军 快了，上岸了，坚持！

小红军 伤病员，伤病员倒下了。

指导员 同志，同志，你醒醒！

伤病员 我不行了，这样也好，你们减轻负担，愿革命早日成功，可惜我看不到了……

老红军 过草地有三怕：一怕没踩着草甸陷进泥沼。泥沼一般很深，如果拼命往上挣扎，会越陷越深，来不及抢救就会被污泥吞噬。一个人陷进去后，另一个人伸手去拉，用力过猛也会被带着陷进去。牺牲了那么多同志，我们才知道要慢慢移动身子才能上得来，或者将绑腿带缠在被陷进同志的腰间才能拉得上来。那泥水不仅不能饮用，而且破了皮的腿脚经泥水泡过，还会红肿甚至溃烂，一下子很难好。二怕下雨。草甸本来就难走，天下着雨，脚底下更软、更滑，稍有不慎就会摔倒，掉进泥沼里去。三怕过河。草地上有不少河，有的水浅好过一点，有的河宽流急很难过，如果遇到下雨就更难了。身体虚弱，受冻挨饿，禁不住冰冷的河水刺激。几乎每过一条河，即使是一米深的小河，都会有战士倒下。可恶的草地呀，战场也没有你无情。敌人的炮火没有夺去我们同志的生命，你却无声地夺去了那么多同志的生命，你和敌人一样可恶！为了牺牲同志的遗愿，我们一定要取得革命的成功，用胜利祭奠我们的战友兄弟！

〔第四天：环境难〕

老班长　部队进入草地后，由于环境、气候非常恶劣，使得草地行军十分艰难。而更要命的是缺衣少食，不少红军战士就因此长眠在了草地上。

指导员　眼看掉队、牺牲的同志越来越多，朱总司令令人将自己的坐骑也杀了，分给通信班、警卫班的同志做口粮，还向身边的同志发出了“尝百草”的号召，大家在茫茫草地上，寻找一些无毒、可以食用的野菜、野草，渡过饥饿的难关。

小红军　（部队在一片水草丰盛的沼泽旁宿营。小红军来到水塘旁）野萝卜！野萝卜！

张思德　（过来一瞧，果然，离水塘不远的地方长着一丛丛野草，叶子绿，形状跟萝卜叶子差不多）真像！

小红军　（兴冲冲地跑过来，拔起一棵就往嘴里送）有吃的了。

张思德　（一下子赶上去，一把夺过来，先放到自己的嘴里）我先试试。（细细嚼了嚼）味道又甜又涩。（不一会儿，张思德就感到有些头昏脑涨，全身无力，紧接着，他肚子一阵绞痛，大口呕吐起来）这草有毒，快，快告诉……

老红军　（没等把话说完，张思德就摔倒了，一时失去了知觉）快拿水来。（半个多小时以后，张思德慢慢醒来，迷迷糊糊地看见小战士端着瓷缸蹲在他跟前）

张思德　不要管我，快去告诉其他同志。

指导员　传给后面的同志：注意防止疾病，注意瘴气，注意毒草，及时掩埋战友的尸体。

（过草地正是在这样极端恶劣的环境下，红军官兵怀着共同的革命理想，保持着严明的纪律和乐观的革命精神，发扬了令人感动的阶级友爱，没有垮掉，没有散掉，同甘共苦，以巨大的精神力量战胜了自然界的困难，终于在死神的威胁下夺路而出。“风雨浸衣骨更硬，野菜充饥志越坚。官兵一致同甘苦，革命理想高于天”。这正是当年红军长征的真实写照。）

〔**第五天：饮食难**〕

指导员 老班长，战士们吃的东西太缺了。

老红军 是呀，粮食本来就不多，条件这样艰苦，战士们能省还省，即使这样，粮食早就吃没了。现在就靠吃野菜、草根、树皮充饥。喝的也好不到哪儿去，有的战士，人尿、马尿都喝过。

张思德 一望无际的草地，没有人烟，战士们开始吃所有能吃的东西。

老班长 战士们现在又有一个新的吃法。

指导员 什么吃法？

老班长 身上的皮带。

指导员 那怎么吃？

老班长 吃法多着呢。第一种，煮着吃。先用刀将皮带切成一条一条的，然后要煮到最表面一层软了，小心刮去，里面就是可以吃的牛皮。第二种，烤着吃。烤到皮带有些变色、变软，就能吃了，可不能烤久了，不然烤焦了就浪费了。烤了之后撕咬成一小块嚼，嚼几下，喝口水，嚼半天才囫囵咽下。第三种，先煮再烤。放在开水里泡软了，再埋在火堆里烤，借着里面没熄掉的火烧熟吃。第四种，先烤再煮。先用火烤热，烤完把黑灰刮掉再放到锅里煮，等煮软了切成丝，和野菜粥搅在一起吃。其实，大锅里才飘着几根皮带丝，看得见，捞不着……

小红军 野菜吃完了吃草根，有的还是甜的，可好吃了。

指导员 老班长，小鬼就交给你了，你要照顾好他。

老班长 放心吧，我会的。

小红军 指导员，你知道吗？有一天老班长在一个水塘边给我洗衣裳，忽然看见一条鱼跳出水面。他喜出望外地跑回来，取出一根缝衣针，烧红了，弯成个钓鱼钩。这天夜里，我们就喝到了新鲜的鱼汤。尽管没加作料，可我们觉得世上没有比这鱼汤更鲜美的了，端起碗来吃了个精光。

指导员 老班长这些天瘦得比我们还厉害呢！

小红军 老班长给我们钓鱼，可是老班长自己呢，我从来没见他吃过一次鱼。有一次，我禁不住问他怎么不吃鱼啊？他抹了抹嘴，好像回味似的说，吃过了，而且说不比我们吃得少。我不信，等他收拾完碗筷走了，就悄悄地跟着他。走到近前一看，啊！我不由得呆住了。他坐在那里捧着搪瓷碗，嚼着几根草根和我们吃剩下的鱼骨头，嚼了一会儿，就皱紧眉头咽了下去，我当时觉得好像有万根钢针扎着喉管。老班长猛地抬起头，看见我目不转睛地看着他手里的搪瓷碗，却支吾着说他早就吃过了，看到碗里还没吃干净，扔了怪可惜的……

指导员 老班长，你也要注意身体呀。

老红军 指导员，我们休息一会儿吧。

指导员 好，原地休息。

老班长 我给大家钓鱼去。（老班长拿起鱼钩找水塘去了）

指导员 小心点！

（过了好久，还不见老班长回来。同志们便四处寻找，最后在一个水塘旁边找到了他，他已经昏迷不醒了。）

老红军 要救老班长，最好的办法是让他赶快吃些东西。我们立即分工，思德再找点野草，“小鬼”去钓鱼，指导员照料老班长，我生火。

指导员 老班长，老班长，你醒醒，吃点东西。

老班长 （奄奄一息，微微地睁开眼睛）别浪费东西了。我……我不行啦。你们吃吧！

小红军 老班长，你吃点儿，你答应我的，还带我回老家的，还给我讲故事的。

老班长 没把你们照顾好。看，你们都瘦得……答应我，一定要走出草地去……（老班长用粗糙的手抚摸着小红军的头。突然间，他的手垂了下去）

老红军 老班长！老班长！（老班长的眼睛慢慢地闭上了）

〔第六天：体力难〕

张思德 “小鬼”，你还行吗？

小红军 别把人看扁了。

老红军　咱们得快点走呀！你看，太阳快落山了。天黑以前咱们必须赶上部队。这草地到处是深潭，掉下去可就不能再革命了。（不一会儿，小红军又落下了一大截儿）

张思德　“小鬼”，我来背你吧？

老红军　不行，你中毒还未痊愈，我来！

小红军　不，我能行。

张思德　你们保重，我到前面去看看有没有吃的。

老红军　“小鬼”，别磨蹭了！你想让咱们俩都丧命吗？再不走出草地，真的没法活下去了。（不容分说，老红军背起小红军就往前走。天边的最后一丝光亮也被黑暗吞没了。满天堆起了乌云，不一会儿就下起了大雨）

小红军　快放我下来吧，快放我下来吧。

老红军　（老红军的身子猛地往下一沉）“小鬼”，快离开我！我掉进泥潭里了（老红军用力把小红军往上一顶，一下子把小红军甩在一边）快离开我，咱们两个人不能都牺牲了……要……要记住革命……

指导员　（从后面追上来，看见小红军）“小鬼”，你在干什么？老红军呢？

小红军　指导员，你去哪儿了？我救不了他，我没用。

指导员　上级让我们掩埋牺牲同志们的尸体。老红军到底怎么了？

小红军　（指着水潭处）他走了……

指导员　（搂住小红军）长途跋涉，战士们体力消耗太大，实在禁不住恶劣环境的折腾，过草地减员太多了，真令人痛心！

小红军 我想我们的伤病员、老班长、老红军……

指导员 “小鬼”，你要记住，过草地，仿佛就是从地狱回到了人间，要好好地活下去，为了中国革命，我们要一代代将革命的火种传下去！

（红军终于走出了草地，来到了班佑、巴西、阿西地区。）

（幕）

（三）突破自我

人生在世，物质上解决饥饿与疾病的问题，精神上解决理想与信念的问题。有的人沉默，有的人呐喊，那沉默的被历史忘记，那呐喊的被历史铭记。

——题记

第一幕

生存

——饥饿与疾病的折磨。

（始终有一个冲锋号，始终有一面红军旗帜，始终有一段音

乐伴奏。）

（观影《长征》）

时间　1935年8月

地点　草地

人物　连长　连队司务长　红3军团某连队炊事班成员：班长、甲、乙、丙、丁、戊、己。

〔开幕。1935年8月，中共中央和红四方面军指挥部率领的右路军进入草地。行军队列分左右两路，平行着前进。左翼为林彪的红1军团，继后是中央领导机关、红军大学等。右翼为徐向前、陈昌浩率领的红30军和红4军。彭德怀率红3军团殿后，走左翼行军路线。进入草地前，红军想尽一切办法筹粮。将青稞脱壳搓成麦粒，再碾成面粉炒熟，便成了干粮炒面；宰杀马匹、牦牛，做成肉干以备食用。在藏民带领下寻认野菜，供过草地之需，还要准备烧酒、辣椒或辣椒汁等御寒用品。虽然尽了最大努力，红军筹到的粮食还是不够全军之用。每个人最多带八至十斤的粮食，一般的带五至六斤粮食，有的只有三四斤的粮食。粮食不足，使红军在过草地时付出了太多的生命代价。〕

连长　（连队炊事班）炊事班的同志们，我们现在召开一个临时会议，首先由连队司务长发言。

连队司务长　同志们，在红军连队中，行军中最辛苦的是炊事班。不但要携带粮食，还要携带各种炊事用具，每个人的负重量都在三四十公斤。中途休息，要烧水给战士们喝。到宿营地，要安锅、拾柴、做饭，睡觉时间很少。我们为我们的炊事班同志鼓掌！红军长征后，鉴于行军艰苦，总部要求各部队除了必需的粮食和弹药外，必须减轻官兵的负重量，以节省体力，并特别规定，炊事班每人只准挑20公斤重量。

成员甲 我们不同意。行军途中找不到粮食，我们不多挑些粮食，连队战士们吃什么？

成员乙 上前线是为了革命，我们在后方也是为了革命，我们不怕。

连长 同志们，静一静，听我说。这次不同以往，草地的情况十分复杂，战士们需自带粮食，我们必须从长远的角度考虑问题，并且要坚决执行命令。

班长 同志们，首长是为我们考虑，现在我们班只剩下七个人了，原来两个在爬雪山时牺牲了，上级要求我们轻装过草地，盆盆罐罐一律放弃，我们七人一定要继续尽责，及时为战士们排忧解难。

成员丙 我们连那口行军锅是铜制的，跟随我们多年，我们不能扔，没有饭做，我们还可以给大家烧点水吧。

连长 好吧。同志们多保重身体，连队将来还要靠你们呢。

（红军进入了草地）

班长 司务长，大家走烂泥地，脚都泡坏了，不烧点热水烫烫脚不行啊。

连队司务长 就你有办法。可是你看看，炊事班战士单薄的身躯，不要让他们太劳累了，再加上草地阴雨不断，哪里有干柴呀。

班长　司务长请放心。(宿营地上，炊事班已经想办法烘干了几根树枝，烧好了水，有的战士正在烫脚)

连队司务长　(行军路上)炊事班就是有办法。

班长　多亏了这口行军锅，你看小甲正背着它呢。

连队司务长　怎么了？小甲！(小甲忽然栽倒在地)(小乙一声不响地走上前去，解下行军锅背到自己身上继续前进)

班长　又下雨了，休息一会儿。大家用油布遮挡雨水，烧水时放点生姜、辣椒。

成员乙　大家喝点水，暖暖身子。(说完倒下了)(战士们端着热气腾腾的姜汤，泪水伴着雨水，无法下咽)

成员丙　我们继续上路。(再次休息时照例战士们喝上了姜汤水)

连长　班长呀，我看给咱们炊事班补充几名战士吧。

班长　绝不能抽调战士，这样会影响连队战斗力的。牺牲的同志留下的担子，我们担得起来。

连长　(眼含泪花)好吧，连队原来100多人，现在只剩下30多人了，真让人心痛呀。

连队司务长　(后半夜)班长，你干什么呢？

班长　后半夜天太凉了，我给大家烧点水喝。

连队司务长　你还发烧呢，快去休息吧。

班长　这是我的任务，一大早战士们起来，没有开水喝，我这个炊事班班长就对不起大家了。你休息吧。

连队司务长　我还是和你一起干吧。您都病成这样了，还想着大家。

班长　（额头上出现了豆大的汗珠，声音微弱）给我点水喝吧……

连队司务长　（连忙舀水）（扑通一声）班长，班长……（下一个炊事班人员继续背上行军锅）

（七天后红军终于穿过草地。）

连长　（看到司务长背着那口铜制的行军锅）司务长……（连长与战士们全哭了）我的炊事班战友啊……

连队司务长　同志们，我提议，为了我们的炊事班，我们合唱《国际歌》——

“起来，饥寒交迫的奴隶!起来，全世界受苦的人!满腔的热血已经沸腾，要为真理而斗争!旧世界打个落花流水，奴隶们起来起来!不要说我们一无所有，我们要做天下的主人!”

“从来就没有什么救世主，也不靠神仙皇帝!要创造人类的幸福，全靠我们自己!我们要夺回劳动果实，让思想冲破牢笼!快把那炉火烧得通红，趁热打铁才能成功!”

“是谁创造了人类世界!是我们劳动群众!一切归劳动者所有，哪能容得寄生虫!最可恨那些毒蛇猛兽，吃尽了我们的血肉!一旦把它们消灭干净，鲜红的太阳照遍全球!”

“这是最后的斗争，团结起来到明天，英特纳雄耐尔就一定要实现!这是最后的斗争，团结起来到明天，英特纳雄耐尔就一定要实现!”

（幕）

第二幕

意义

——理想与信念的追求。

（始终有一个冲锋号，始终有一面红军旗帜，始终有一段音乐伴奏。）

（观影《遵义会议》）

时间 1935年1月15日至17日

地点 贵州遵义

人物

中央政治局委员

（以姓氏笔画为序）

毛泽东——（1893—1976年）湖南省立第一师范学校毕业，中共一大代表，中共三届中央局常委，中共中央政治局委员，中华苏维埃共和国中央执行委员会主席。

朱　德——（1886—1976年）曾留学德国进修社会学和哲学。中华苏维埃共和国中央革命军事委员会主席、红军总司令兼红一方面军司令。

陈　云——（1905—1995年）学徒工出身，全国总工会党团书记，长征开始时为红5军团中央代表，军委纵队政治委员，遵义警备司令部政治委员。

张闻天——(1900—1976年)又名洛甫，先后在莫斯科中山大学、红色教授学院学习、任教。中华苏维埃共和国中央执行委员会人民委员会主席。

周恩来——(1898—1976年)曾留学日本、法国、德国、英国等地，中华苏维埃共和国中央革命军事委员会副主席，红军总政治委员兼红一方面军政治委员，长征开始时为中央“三人团”成员。

秦邦宪——(1907—1946年)又名博古，1926年留学苏联，中共临时中央负责人，长征开始时为中央“三人团”成员。

中央政治局候补委员

(以姓氏笔画为序)

王稼祥——(1906—1974年)中华苏维埃共和国中央革命军事委员会副主席，红军总政治部主任。

邓　发——(1906—1946年)国家政治保卫局局长。

刘少奇——(1898—1969年)中华全国总工会委员长，长征开始时为红8军团中央代表，黎平会议后任红5军团中央代表。

何克全——(1906—1955年)又名凯丰，共青团中央书记，长征开始时为红9军团中央代表。

参加会议的其他人员

刘伯承——(1892—1986年)红军总参谋长，中央纵队司令员，遵义警备司令部司令员。

李富春——(1900—1975年)中央候补委员，红军总政治部副主任、代主任。

林　彪——(1907—1971年)红1军团军团长。

聂荣臻——(1899—1992年)红1军团政治委员。

彭德怀——(1898—1974年)中央候补委员，红3军团军团长。

杨尚昆——(1907—1998年)中央候补委员，红3军团政治委员。

李卓然——(1899—1989年)红5军团政治委员。

〔开幕。1934年第五次反“围剿”失败，迫使红军放弃革命根据地，开始长征。红军在突围过程中损失惨重。为了摆脱尾追和堵截的敌军，毛泽东同志建议中央红军放弃去湘西同红2、红6军团会合，改向敌军力量薄弱的贵州挺进。1935年1月7日，红军攻克黔北重镇遵义。中国革命处在历史的转折点，何去何从，红军面临重大考验。〕

张闻天　同志们，今天，中共中央在遵义召开政治局扩大会议。会议的主要议题是总结第五次反“围剿”的经验教训。首先，由博古同志做关于第五次反“围剿”的总结报告。

博古　同志们，截至目前，在中共中央的正确领导下，我们成功地撤出了苏区，继续行进在追求革命的道路上。一路走来，由于国民党的拦截和封锁，给我党和红军造成了一定的损失，但是我们应当看到，这一切都是暂时的困难，只要我们继续发扬红军不畏困难、不怕牺牲的优良传统和作风，坚定信念，敢打敢拼，革命就一定会成功。当然也存在一些问题，在中央苏区时，许多干部就对中央主要领导人在军事指挥上的错误产生过怀疑和不满，一些军团指挥员在作战电报、报告中提出批评意见，有些同志甚至同李德同志发生激烈的争论。个别人也多次提出自己的主张，这些问题的背后其实是不坚定落实中央政策的表现。长征开始后，红军作战是有几次失利，特别是湘江战役的损失是惨重的，但敌人的损失不比我们少。遇到问题就出现不满情绪，从而导致贯彻执行中央的军事指导方针执行不利的局面一定要得以纠正。我坚信，我们通过本次会议，继续统一思想，一定能够摆脱国民党的“围剿”，实现我党我军的战略大转移。

张闻天　接下来由恩来做报告。

周恩来　我主要分析一下第五次反“围剿”和长征中战略战术及军事指挥的问题。第五次反“围剿”的失败主要是在军事上墨守成规，犯了教条主义，迫使红军放弃革命根据地，开始长征。长征初期，我军虽然英勇作战，但蒋介石孤注一掷，一心想置我们于死地，而我们却过于低估敌人，导致在进攻中犯了冒险主义，结果我们损失惨重。如今，我们全线撤退，被迫让国民党追着走，在退却中又犯了逃跑主义，并且把战略转移变成搬家式的行动，使部队的行军速度非常缓慢，致使敌人有充足的时间调集兵力，对红军实行围追堵截，红军在突围过程中损失惨重。一路走来，我们一直坚信自己，没有考虑形势与环境的变化，期待机会的大门随时会向我们敞开，这又犯了机会主义。为了摆脱围追和堵截的敌军，毛泽东同志建议中央红军放弃去湘西同红2、红6军团会合，改向敌军力量薄弱的贵州挺进，这才有了红军攻克黔北重镇遵义。为此，我深刻反省，提出自我批评，造成今天这个局面，我本人负有不可推卸的责任。

张闻天 大家对报告提出自己的意见，我们要充分发扬民主，各抒己见。

毛泽东 同志们，我认为我们还是军事上的问题没有解决好。自从第五次反“围剿”和长征以来，博古同志、李德同志在军事指挥上是有错误的。刚才，博古同志的报告没有对失败做深刻反省，反而为失败找理由，这种为失败而辩护的观点是错误的，必须加以纠正。大量事实说明，红军在主观上、客观上均具备粉碎第五次“围剿”的条件，失败的主要原因是军事上的单纯防御路线。在敌人采用持久战与堡垒主义的战略战术的情况下，我们的战略战术应该是决战防御，也就是攻势防御，集中优势兵力选择敌人的薄弱点，在运动中有把握地去消灭敌人的一部或大部，从而各个击破敌人，以粉碎敌人的“围剿”。然而，我们却以专守防御代替了决战防御，以阵地战、堡垒战代替了运动战，并以所谓短促突击的战术原则来支持这种单纯防御的战略路线，以分散兵力的作战方针代替集中兵力的作战方针，违背了我军战略上持久、战术上速决的基本原则，放弃诱敌深入的方针，而搞御敌于国门之外，结果造成严重损失，使红军不得不退出中央苏区根据地。在苏区同敌人拼命作战，大量消耗了红军的有生力量，这是得不偿失的。退出苏区变成了一种惊慌失措的逃跑的与搬家式的行动，这是更不划算的。在干部中、群众中关于这种战略转变没有解释，组织庞大的后方机关单位使行军作战受到限制，使所有的部队变成了掩护队，这使得我们红军的优势根本得不到发挥。我提议本次会议一定要彻底解决上述问题。

朱德 同志们，远的先不说，就说湘江战役后这几步棋。湘江战役后中央红军仍按原定计划，继续向湘西前进，这时，蒋介石已判断出红军的行动方向，在红军前进的道路上部署了重兵。在此危急关头，泽东同志根据当时军事态势，力主放弃原定北去湘西会合红2、红6军团的计划，改向国民党统治力量薄弱的贵州挺进，以摆脱敌人，争取主动，因此，我们没去湘西，事实证明我们走对了这第一步棋。后来占领了贵州黎平，通过了《中央政治局关于战略方针之决定》，决定在川黔边创建新的根据地，改变了中央红军的前进方向，使红军避免了可能覆灭的危险，占领黎平，事实证明我们走对了第二步棋。黎平会议后，中央红军分两路向黔北挺进，连克锦屏等县城，进抵乌江南岸的猴场。12月31日晚至次日凌晨，中共中央在猴场召开政治局会议，做出《关于渡江后新的行动方针的决定》，提出首先在以遵义为中心的黔北地区，然后向川南创建川黔边新的根据地的战略任务。1935年1月初，中央红军分别从回龙场江界河、茶山关渡过乌江，1月7日晨，红军先头部队进占黔北重镇遵义。占领遵义，事实证明我们走对了第三步棋。这三步棋，完全是按照泽东同志的意见行动的，事实可鉴，请中央认真考虑。

王稼祥 我提议重新肯定以毛泽东同志为代表的正确军事路线。要求红军迅速完成从阵地战到运动战的转变，灵活机动地运用战略战术，为创建新的根据地而斗争。

刘少奇 我提议我们当前的中心任务是战胜川、滇、黔的敌军，改变黎平会议以黔北为中心来开创苏区根据地的决议，改为在成都之西南或西北建立新的苏区根据地。

张闻天 博古同志关于第五次反“围剿”的总结报告仍是缺乏深度的，对下一步方向问题没有深刻认识。我提议改组中央领导机构，增选毛泽东为政治局常委，取消博古、李德的最高军事指挥权，仍由中央军委主要负责人周恩来、朱德指挥军事。

（会议激烈地争论。）

毛泽东 在统一思想的基础上，我提议委托张闻天同志起草《中共中央关于反对敌人五次“围剿”的总结决议》，并由常委审查通过。

张闻天 下面请大家举手表决。（全体举手通过）

（遵义会议之后，红军开始了真正意义上的长征，拉开了中国革命的序幕。）

意义：（旁白）

一是顺应时势。遵义会议是指1935年1月15日至17日，中共中央政治局在贵州遵义召开的扩大会议。二是目标明确。遵义会议是在红军第五次反“围剿”失败和长征初期严重受挫的情况下，为了纠正王明、博古等人“左”倾领导在军事指挥上的错误而召开的。三是路线正确。遵义会议开始确立以毛泽东为代表的马克思主义的正确路线在中共中央的领导地位。四是独立自主。遵义会议是中国共产党第一次独立自主地运用马克思列宁主义基本原理解决路线、方针、政策问题的会议。五是历史转折。遵义会议挽救了党、挽救了红军、挽救了中国革命，是中国共产党历史上一个生死攸关的转折点，标志着中国共产党从幼稚走向成熟。六是发扬传统。中央红军无论是在困境还是在逆境，一直作风勇敢，行动坚决，创造了许多可歌可泣的壮举。红军精神是革命成功的根本保证。七是凝心聚力。遵义会议本身就是一次统一思想、统一行动的关键会议。八是走向未来。遵义会议之后，中国革命在以毛泽东为代表的正确路线指引下走上了胜利发展的道路。

遵义会议是一次批评与自我批评的会议，是一次深刻反思的会议。革命也好，事业也罢，我们都可以从中汲取许多宝贵的经验与教训。实干的道路一定是克服逃跑主义、冒险主义、机会主义、教条主义，实现发展的务实创新之路。成功的道路一定是顺应时势、目标明确、路线正确、独立自主、发扬传统、凝心聚力、走向未来、实现发展的积极探索之路。

（幕）

〔开幕。结束篇。〕

诗评长征（独诵）

七律·长征

毛泽东

红军不怕远征难，万水千山只等闲。

五岭逶迤腾细浪，乌蒙磅礴走泥丸。

金沙水拍云崖暖，大渡桥横铁索寒。
更喜岷山千里雪，三军过后尽开颜。

（旁白）长征，或称“七律·长征”，是毛泽东1935年10月创作的一首七律古体诗。本诗写于1935年10月，红军攻占腊子口之后、越过六盘山之前。8句56个字负载着长征路上的种种艰难险阻，饱含中国共产党的万般豪情壮志。它是中国革命的壮烈史诗，也是中国诗歌宝库中璀璨的明珠。

数评长征

长征（1934年10月—1936年10月），1934年10月，中央主力红军（红一方面军）为了摆脱国民党军队的包围追击，被迫实行战略大转移，退出中央苏区根据地进行长征。长征是人类历史上的伟大奇迹，中央红军共进行了380余次战役、战斗，攻占700多座县城，红军牺牲营以上干部多达430人，平均年龄不到30岁，共击溃国民党军数百个团。其间共经过11个省，翻越18座大山，跨过24条大河，走过荒无人烟的草地，翻过连绵起伏的雪山，行程约二万五千里，于1935年10月到达陕北，与陕北红军胜利会师。1936年10月红二方面军和红四方面军到达甘肃与红一方面军会师。红军三大主力会师，宣告红军长征胜利结束。

总评长征

1935年7月，共产国际召开第七次代表大会，制定了建立反法西斯统一战线的战略方针。8月1日，中共驻共产国际代表团草拟了《中国苏维埃政府、中国共产党中央为抗日救国告全体同胞书》

（即“八一宣言”）。

中共中央结束长征到达陕北后，1935年12月17日至25日在陕西安宁（今子长）瓦窑堡召开中央政治局扩大会议。会议讨论了全国的政治形势和党的策略路线、军事战略问题，通过了张闻天起草的《中央关于目前政治形势与党的任务决议》。会议明确提出党的基本策略任务是建立广泛的抗日民族统一战线。

1935年12月27日，毛泽东根据会议精神，在党的活动分子会议上做了题为《论反对日本帝国主义的策略》的报告。

毛泽东在报告中，对红军长征的意义做了高度评价。他满怀激情地说：

“长征是历史记录上的第一次，长征是宣言书，长征是宣传队，长征是播种机。自从盘古开天地，三皇五帝到于今，历史上曾经有过我们这样的长征吗？十二个月光阴中间，天上每日几十架飞机侦察轰炸，地下几十万大军围追堵截，路上遇到了说不尽的艰难险阻，我们却开动了每人的两只脚，长驱二万余里，纵横十一个省。请问历史上曾有过我们这样的长征吗？没有，从来没有的。长征又是宣言书。它向全世界宣告，红军是英雄好汉，帝国主义者和他们的走狗蒋介石等辈则是完全无用的。长征宣告了帝国主义和蒋介石围追堵截的破产。长征又是宣传队。它向十一个省内大约两万万人民宣布，只有红军的道路，才是解放他们的道路。不因此一举，那么广大的民众怎会如此迅速地知道世界上还有红军这样一篇大道理呢？长征又是播种机。它散布了许多种子在十一个省内，发芽、长叶、开花、结果，将来是会有收获的。总而言之，长征是以我们胜利、敌人失败的结果而告结束的。”

长城是中华民族的脊梁！（背景展示长城俯视图）

长江是中华民族的血液！（背景展示长江侧视图）

（合唱歌曲《我的中国心》）

“河山只在我梦萦，祖国已多年未亲近，可是不管怎样也改变不了，我的中国心。洋装虽然穿在身，我心依然是中国心，我的祖先早已把我的一切，烙上中国印。长江，长城 ，黄山，黄河，在我心中重千斤。无论何时，无论何地，心中一样亲。流在心里的血，澎湃着中华的声音，就算身在他乡也改变不了，我的中国心。长江，长城，黄山，黄河，在我胸中重千斤。无论何时，无论何地，心中一样亲。流在心里的血，澎湃着中华的声音，就算身在他乡也改变不了，我的中国心。”

长征是中华民族的精神！（背景展示长征正视图）

（合唱国歌《义勇军进行曲》）

“起来，不愿做奴隶的人们！把我们的血肉，筑成我们新的长城！中华民族到了最危险的时候，每个人被迫着发出最后的吼声！起来！起来！起来！我们万众一心，冒着敌人的炮火，前进，冒着敌人的炮火，前进，前进，前进进。”

（闭幕）

三、身心健康

（一）医师与教师

（师师对话录——医师与教师）

医师　您好，很荣幸与您见面。

教师　您好，借这个难得的机会，我们聊一聊身心健康的问题。

医师　话题比较广泛，从哪说起呢？

教师　我们先各自用一句话总结我们的职业，如何？

医师　好！医师从科学的角度解决痛苦，追求精气神。

教师　好！教师从哲学的角度解决烦恼，追求真善美。

医师　都成一副对联了。

教师　横批是身心健康。

医师　有道理，正合今天的话题。

教师　我们就从对中国文化的理解谈起吧。

医师　中国文化可谓博大精深呀。

教师　对于中国文化的理解，我认为主要有三个方面：一是文化的主题，二是文化的魅力，三是文化的渊源。

医师　好比认识一个人，先问其名，再看其貌，最后问其来自何处。有点问诊的“味道”了。

教师　中国文化的主题是对真善美的追求，体现在为人、处事、治世三个方面。为人求真，注重“学”“养”，从学习到学会，从养成到养生；处事求善，注重“中”“和”，回归自然，达到为人与处事的中与和；治世求美，注重“一”“心”，天人合一，知行合一，讲究天时、地利、人和，协调天地人的平衡。《道德经》言：“人法地，地法天，天法道，道法自然。”从诸子百家到宋明理学，从宗教渊源到现代思潮。“一”即回归生命的本原，“心”即回归人类的思想。

医师　文化的魅力如何体现？

教师　这的确是个大命题，一时难以表达，我就从唐诗这一角度谈谈中国传统文化的魅力。唐诗是中华传统文化皇冠上的明珠，领略文化的魅力不妨解读唐诗。解读唐诗从时代背景、作者处境、名句欣赏、人生哲理的角度理解中华文化的魅力。

医师　问题是唐诗也太多了。

教师　你知道吗？唐朝诗人有“诗仙”“诗圣”“诗佛”“诗豪”之称的四位诗人。我各选其代表名句十二个，大家耳熟能详，一看就知道意境有多美。

李白（701—762）字太白，唐朝诗人。贺知章称李白“谪仙人”。杜甫称李白“笔落惊风雨，诗成泣鬼神”。号称“诗仙”。李白关注真理。

1. 长风破浪会有时，直挂云帆济沧海。《行路难》

2. 抽刀断水水更流，举杯消愁愁更愁。《宣州谢朓楼饯别校书叔云》

3. 天生我材必有用，千金散尽还复来。《乐府·将进酒》

4. 君不见黄河之水天上来，奔流到海不复回；君不见高堂明镜悲白发，朝如青丝暮成雪。《乐府·将进酒》

5. 人生得意须尽欢，莫使金樽空对月。《乐府·将进酒》

6. 两岸青山相对出，孤帆一片日边来。《望天门山》

7. 孤帆远影碧空尽，唯见长江天际流。《黄鹤楼送孟浩然之广陵》

8. 飞流直下三千尺，疑是银河落九天。《望庐山瀑布》

9. 仰天大笑出门去，我辈岂是蓬蒿人。《南陵别儿童入京》

10. 两岸猿声啼不住，轻舟已过万重山。《早发白帝城》

11. 今人不见古时月，今月曾经照古人。《把酒问月》

12. 安能摧眉折腰事权贵，使我不得开心颜。《梦游天姥吟留别》

杜甫（712—770）字子美，盛唐诗人，现实主义诗人。号称“诗圣”。杜甫关注社会。

1. 为人性僻耽佳句，语不惊人死不休。《江上值水如海势

聊短述》

2. 读书破万卷，下笔如有神。《奉赠韦左丞丈二十二韵》

3. 但见新人笑，那闻旧人哭。《佳人》

4. 感时花溅泪，恨别鸟惊心。《春望》

5. 出师未捷身先死，长使英雄泪满襟。《蜀相》

6. 会当凌绝顶，一览众山小。《望岳》

7. 此曲只应天上有，人间能得几回闻。《赠花卿》

8. 留连戏蝶时时舞，自在娇莺恰恰啼。《江畔独步寻花》

9. 白日放歌须纵酒，青春作伴好还乡。《闻官军收河南河北》

10. 星垂平野阔，月涌大江流。《旅夜书怀》

11. 细雨鱼儿出，微风燕子斜。《水槛遣心二首》

12. 人生不相见，动如参与商。《赠卫八处士》

王维（701—761），字摩诘，唐朝诗人，王维精通佛学，参悟禅宗。王维精通诗、书、画、音乐。唐代山水田园派的代表。号称“诗佛”。王维关注自然。

1. 明月松间照，清泉石上流。《山居秋暝》

2. 空山不见人，但闻人语响。《鹿柴》

3. 深林人不知，明月来相照。《竹里馆》

4. 月出惊山鸟，时鸣春涧中。《鸟鸣涧》

5. 渭城朝雨浥轻尘，客舍青青柳色新。《送元二使安西》

6. 草枯鹰眼疾，雪尽马蹄轻。《观猎》

7. 独在异乡为异客，每逢佳节倍思亲。《九月九日忆山东兄

弟》

8. 劝君更尽一杯酒，西出阳关无故人。《送元二使安西》

9. 行到水穷处，坐看云起时。《终南别业》

10. 君自故乡来，应知故乡事。《杂诗·君自故乡来》

11. 大漠孤烟直，长河落日圆。《使至塞上》

12. 江流天地外，山色有无中。《汉江临泛》

刘禹锡（772—842），字梦得，唐代文学家、哲学家。号称“诗豪”。刘禹锡关注人。

1. 天地英雄气，千秋尚凛然。《蜀先主庙》

2. 紫陌红尘拂面来，无人不道看花回。《元和十年自朗州到京，戏赠看花诸君子》

3. 百亩庭中半是苔，桃花净尽菜花开。《再游玄都观》

4. 王濬楼船下益州，金陵王气黯然收。《西塞山怀古》

5. 旧时王谢堂前燕，飞入寻常百姓家。《乌衣巷》

6. 山桃红花满上头，蜀江春水拍山流。《竹枝词》

7. 东边日出西边雨，道是无晴却有晴。《竹枝词》

8. 沉舟侧畔千帆过，病树前头万木春。《酬乐天扬州初逢席上见赠》

9. 司空见惯浑闲事，断尽苏州刺史肠。《赠李司空妓》

10. 千淘万漉虽辛苦，吹尽狂沙始到金。《浪淘沙》

11. 长恨人心不如水，等闲平地起波澜。《竹枝词》

12. 莫道桑榆晚，为霞尚满天。《酬乐天咏老见示》

唐诗，名篇无数，我们或可记忆，或寻其根，理解诗的意境，感悟诗的魅力。相对于名篇，名句是篇中精华，在我们的生活中，我们自然而然地会遇到诗的“影子”。如果你参悟到远在唐朝的诗人就能理解的人生，许多事情就可能不必重蹈覆辙了，而且会与时俱进，看得可以更高，望得可以更远，脚下的路也会更加坚定。从唐诗中感悟文化，文化给我们新的力量，这就是文化的魅力。

医师　您能不能围绕身心健康这个主题，谈谈文化的魅力？

教师　比如李白“举杯邀明月，对影成三人”，我就在想是哪三个人呢？受此启发，结合当今社会的功利主义、享乐主义现象，我写了一篇诙谐的微型小说，以飨众位。

对影三人

我走在人生的十字路口。

前面的人说，年轻人，跟我们吧，一起“发财”……我好孤独！

后面的人喊，老人家，跟我们吧，一起“聚会”……我想静静！

绿灯灭了，红灯亮了……等待，唯一的选择。

多了两个人——

您好！我是孤独，你的喜爱；您好！我是静静，你的思念。

我是谁？你们又从何而来？

孤独说，你想静静的时候，我才会存在；静静说，你想孤独的时候，我才会来临。其实，我们一直都在，只不过，你找到自己的时候，我们才会不约而同地赶来。

“举杯邀明月，对影成三人”，原来如此！

红灯灭了，绿灯亮了……

医师　的确，人生走得太快，极易走入功利场；人生走得太慢，极易走入物欲场。唯有静下心来，享受孤独，才会发现自己内心的声音，恢复人生本来的样子。身心健康必须遵循生命的节奏，由对影三人想到人生修为，不愧是教师，让我刮目相看。

教师　再谈第三个问题——文化的渊源。该您发表高见了。

医师　不敢当。中国文化的渊源久远，从阴阳学说到五行学说，从天干地支到十二生肖，体系复杂。总体而言，中国哲学是生命哲学。因此，中国人执着于命运，关注健康，追求长寿。中国文化也自然与中医密不可分。中医学经典范本《黄帝内经》中关于“精、气、神”的内涵挖掘，其实就是中国人精神的内涵探究。

我们不妨看看《黄帝内经》中《四气调神大论篇第二》的精彩论述：

春三月，此谓发陈。天地俱生，万物以荣，夜卧早起，广步于庭，被发缓形，以使志生；生而勿杀，予而勿夺，赏而勿罚，此春气之应，养生之道也。逆之则伤肝，夏为寒变，奉长者少。

夏三月，此谓蕃秀。天地气交，万物华实，夜卧早起，无厌于日，使志无怒，使华英成秀，使气得泄，若所爱在外，此夏气之应，养长之道也。逆之则伤心，秋为痎疟，奉收者少，冬至重病。

秋三月，此谓容平。天气以急，地气以明，早卧早起，与鸡俱兴，使志安宁，以缓秋刑，收敛神气，使秋气平，无外其志，使肺气清，此秋气之应，养收之道也。逆之则伤肺，冬为飧泄，奉藏者少。

冬三月，此谓闭藏。水冰地坼，无扰乎阳，早卧晚起，必待日光，使志若伏若匿，若有私意，若已有得，去寒就温，无泄皮肤，使气亟夺，此冬气之应，养藏之道也。逆之则伤肾，春为痿厥，奉生者少。

天气，清净光明者也，藏德不止，故不下也。天明则日月不明，邪害空窍，阳气者闭塞，地气者冒明，云雾不精，则上应白露不下，交通不表，万物命故不施，不施则名木多死。恶气不发，风雨不节，白露不下，则菀稿不荣。贼风数至，暴雨数起，天地四时不相保，与道相失，则未央绝灭。唯圣人从之，故身无奇病，万物不失，生气不竭。

逆春气，则少阳不生，肝气内变；逆夏气，则太阳不长，心气内洞；逆秋气，则太阴不收，肺气焦满；逆冬气，则少阴不藏，肾气独沉。夫四时阴阳者，万物之根本也。所以圣人春夏养阳，秋冬养阴，以从其根，故与万物沉浮于生长之门。逆其根，则伐其本，坏其真矣。

故阴阳四时者，万物之终始也，死生之本也，逆之则灾害生，从之则苛疾不起，是谓得道。道者，圣人行之，愚者佩之。从阴阳则生，逆之则死；从之则治，逆之则乱。反顺为逆，是谓内格。

是故圣人不治已病治未病，不治已乱治未乱，此之谓也。

夫病已成而后药之，乱已成而后治之，譬如渴而穿井，斗而铸锥，不亦晚乎？

人与自然相通相合是养生之根本，此所谓阴阳平衡。任何事情都可以一分为二，这就是阴阳。道生一，一生二，二生三，三生万物。阴阳是古人对宇宙万物两种相反、相成的性质的一种抽象解释，是宇宙的对立统一，也是思维法则的哲学范畴。万物负阴而抱阳，一阴一阳之谓道。自然阴阳之气衍化为金、木、水、火、土五行，由之又表现为湿、燥、寒三种阴气及风、暑、火三种阳气，阴阳属于阴阳五行学说立论的基础。阴阳与五行属于形式与内容的关系，就是指无论阴的内部或阳的内部包括阴阳之间都具备着木、火、土、金、水五种物象，表达的那种相生、相克利害的基本关系。换句话来说，即阴阳的内容是通过木、火、土、金、水物象反映出来的，五行属于阴阳内容的存在形式。阴阳包括五行，五行含有阴阳，宇宙间的一切事物，根据其属性可分为两类，阴类和阳类。“阳类”具有刚健、向上、生发、展示、外向、伸展、明朗、积极、好动等特性，“阴类”具有柔弱、向下、收敛、隐蔽、内向、收缩、含蓄、消极、安静等特征，任何一个具体的事物都具有阴阳的两重性，即阴中有阳，阳中有阴。

春季北斗星指向东方，因此春的方位是东方。五行之象征是甲乙木，甲乙天干代表“生”。夏季北斗星指向南方，因此夏的方位是南方。五行之象征是丙丁火，丙丁天干代表“长”。秋季北斗星指向西方，因此秋的方位是西方。五行之象征是庚辛金，庚辛天干代表“收”。冬季北斗星指向北方，因此冬的方位是北方。五行之象征是壬癸水，壬癸天干代表“藏”。

人身体中的精气，是人的根本。人应顺应四时——春生、夏长、秋收、冬藏。春病发生在阴，夏病发生在阳，秋病发生在阳，冬病发生在阴。从黎明到中午，自然界的阳气是阳中之阳。从中午到黄昏，自然界的阳气是阳中之阴。从黄昏到鸡叫，自然界的阴气是阴中之阴。从鸡叫到黎明，自然界的阴气是阴中之阳。人的阴阳之气也是如此，外部为阳，内部为阴。背部为阳，腹部为阴。肝、心、脾、肺、肾五脏属阴，胆、胃、大肠、小肠、三焦、膀胱六腑属阳。背部为阳，阳中之阳为心，阳中之阴为肺；腹部为阴，阴中之阴为肾，阴中之阳为肝，阴中之至阴为脾。人体阴阳变化与自然界四时昼夜的阴阳变化是相符的。

教师　如此修身，人道如何？

医师　黄帝总结出了四种人：真人、至人、圣人、贤人。

黄帝曰：余闻上古有真人者，提挈天地，把握阴阳，呼吸精气，独立守神，肌肉若一，故能寿敝天地，无有终时，此其道生。

中古之时，有至人者，淳德全道，和于阴阳，调于四时，去世离俗，积精全神，游行天地之间，视听八达之外，此盖益其寿命而强者也。亦归于真人。

其次有圣人者，处天地之和，从八风之理，适嗜欲于世俗之间，无恚嗔之心，行不欲离于世，被服章，举不欲观于俗，外不劳形于事，内无思想之患，以恬愉为务，以自得为功，形体不敝，精神不散，亦可以百数。

其次有贤人者，法则天地，象似日月，辨列星辰，逆从阴阳，分别四时，将从上古合同于道，亦可使益寿而有极时。

教师　《黄帝内经》不愧为上古三大奇书之一。《易经》也是同理：天之道阴阳，地之道柔刚，人之道仁义，事之道静动。君子四德：元、亨、利、贞。元是萌芽，亨是生长，利是成熟，贞是收藏。元是开始，亨是变通，利是结果，贞是贞正。古人解释元、亨、利、贞是春夏秋冬，四季循环不已，无始无终。身心健康是一体的。

医师　我们谈到了身心健康的核心问题。

教师　说到核心，目前，全球教育提倡学生发展核心素养，我国也提出了我们的方案。所谓"学生发展核心素养"，主要是指学生应具备的、能够适应终身发展和社会发展需要的必备品格和关键能力。核心素养是关于学生知识、技能、情感、态度、价值观等多方面的综合表现；是每一名学生获得成功生活、适应个人终生发展和社会发展都需要的、不可或缺的共同素养；是一个持续终身的过程，可教可学，最初在家庭和学校中培养，随后在一生中不断完善。我国学生发展核心素养，以科学性、时代性和民族性为基本原则，以培养"全面发展的人"为核心，分为文化基础、自主发展、社会参与三个方面。综合表现为人文底蕴、科学精神、学会学习、健康生活、责任担当、实践创新等六大素养，具体细化为国家认同等十八个基本要点。相信您也看到了吧？

医师　看到了。这些年，我一直关注学生的身心健康问题，因此也一直关注国家的前沿动态。

教师 不妨谈谈你的看法。

医师 我们首先要肯定国家的大政方针，核心素养是在立足国情、面向全球、为了适应国际发展需要的大背景下提出来的，与国际接轨，主旨是具有时代性、国际性的。我们仔细分析各个细则，就会发现每个要素定位都是十分准确的，详尽到位。其次，我想说，全面发展的人应从以下几个方面更深入地去理解。

教师 不妨谈谈您的理解。

医师 我认为可以重构三大方面：为人——人格操守与人文情怀；为学——科学精神与学会学习；为事——健康生活与责任担当。当然，我这个想法通俗，口号低调些。

教师 我认同您的观点，的确如此。我认为当今核心素养的理念主要指向“自由之精神、独立之思想、创新之行动”，如果将此句做一个深入解读，教育更有深意。我一直提倡的学生发展理念是“品、知、行”，这两个想法与您说的“为人、为学、为事”是一脉相承的。

医师 不愧是教师，总结得更深刻，我非常认同。

教师 社会主义核心价值观（富强、民主、文明、和谐，自由、平等、公正、法制，诚信、友善、爱岗、敬业）就非常精简，层次也比较鲜明。古人常说“道、中、正”，此三字内涵应是中国传统文化的主旨之义，体现天、地、人的精神境界，指向自然、社会、人，我们常常希望的天时、地利、人和之境就是理想的生活愿景。

医师　说到学生核心素养，自然就会想到教师的核心素养，好像目前还没有提出此概念。

教师　我们想到一起去了。针对学生的核心素养，依据我们探讨的中国文化问题，您刚才从《黄帝内经》谈及了身心健康问题，我也想到，教师的核心素养可以从《易经》中寻找答案。

医师　第一次听说，这是个思路。快说说。

教师　教师也是学生，一个终生学习的人，也要践行核心素养。我对学生核心素养方案提出的修改意见是，从行、品、知三个维度培养全面发展的人。类比迁移，教师的方向是全面教育的人，包括八个维度，简称教师八养。每个维度其实都是相对的，有着隐性与显性之分。教师的工作时而一分为二，时而合二为一，八个维度编织起教师的教育生活。

教师八养

序	名称	主题	内容
一	教	简约化	思路、思维、思想
二	学	人文化	行、品、知
三	育	科学化	教育学、心理学、管理学
四	评	高效化	考、测、评
五	辅	具体化	时、地、人
六	备	个性化	生活、问题、艺术
七	修	专业化	法、德、道
八	研	课题化	论文、论著、论坛

医师　下面我谈一谈与中医有关的问题。大家都知道“望闻

问切”是中医用语。望，指观气色；闻，指听声息；问，指询问症状；切，指摸脉象，合称四诊，就是指望诊、闻诊、问诊和切脉四种诊法。特别是望与问，医师与教师都要注意。

教师　那您主要谈谈望与问吧。

医师　望诊，是对病人的神、色、形、态、舌象等进行有目的的观察，以测知内脏病变。中医通过大量的医疗实践，逐渐认识到机体外部，特别是面部、舌质与脏腑的关系是非常密切的。如果脏腑阴阳气血有了变化，就必然反映到体表。

简单来说，望诊包括一般望诊和舌诊两部分内容。一般望诊又包括望神察色，望形态，望五官等。舌诊包括望舌质，望舌苔。望诊首先是望神，神是人体生命活动的体现，如神志清醒，语言清晰，目光明亮，反应灵敏，称为有神，是健康或无病的表现。如果是精神萎靡，表情淡漠，目光晦暗，反应迟钝，甚至神志不清，称为无神，表示病情较重。通过望神可以对病人的病情和愈后做一个大致估计，做到心中有数。

教师　怎样做到心中有数呢？

医师　望五官知五脏。根据中医的“全息理论”，脸上的“五官”(口、眼、耳、鼻、舌)表现与人体的“五脏”(心、肝、脾、肺、肾)健康状况是息息相关的。口是食物进入的门户，故与脾胃相关。鼻子是呼吸的通道和器官，故与肺相关。眼睛是最重要的感觉器官，故与肝脏密切关联。耳朵是听觉器官，《黄帝内经》里有“肾开窍于耳”的说法，因而得肾病的人会出现耳聋、耳鸣症状；反之，如果听力敏锐，说明肾器官较好。舌头是味觉器官，与心脏相关联。

其实，除了五官，眉间印堂、颧骨之下、鼻子两旁、人中处的颜色变化也预示着身体状况的变化。印堂看起来苍白无光，可能是肺虚所致；鼻子两旁与小肠相关，如果此处颜色较黄，并且没有光泽，可能是脾胃虚；颧骨下边与肾相关，如果发黑，可能是肾有问题；人中位于鼻孔下侧，与生殖器、膀胱相关，如果发黑，也可能是肾虚。

当然，面色的微小变化通常比较难辨别，所以一旦发现自己脸上的某些部位出现了明显的改变，就说明问题可能比较严重了，一定要去医院就诊，以免延误病情。

教师 我们观察学生主要也是通过表情、言语、举止、情绪、状态、反应、学习、习惯等情况与之交流，分析问题的根源并寻求解决之道。问诊又如何呢？

医师 问诊，是通过询问患者或其陪诊者，以了解病情，有关疾病发生的时间、原因、经过、既往病史、患者的病痛所在，以及生活习惯、饮食爱好等与疾病有关的情况，均要通过问诊才能了解到，故问诊是了解病情和病史的重要方法之一。

中医问诊歌：“问诊首当问一般，一般问清问有关，一问寒热二问汗，三问头身四问便，五问饮食六问胸，七聋八渴俱当辨，九问旧病十问因，再将诊疗经过参，个人家族当问遍，妇女经带病胎产，小儿传染接种史，痧痘惊疳嗜食偏。”

医师要有高度认真负责的态度。对待病人，态度既要严肃又要和蔼可亲，要细心询问和耐心倾听病人叙述病情。从这一点上讲，医师与教师是反映社会进步的主要职业，医德与师德是衡量社会进步的主要特征之一。

教师　如何用饮食调理五脏？

医师　如何养肝？多吃绿色食品，特别是多喝绿豆汤，把绿豆放水里煮，当水开了以后再煮八分钟，然后喝水；如何养心？多吃红色食品，特别是红豆，可以是红豆豆沙包、红豆粥、红豆豆浆；如何养脾？多吃黄色食品，特别是黄豆，可以是豆浆、豆腐、豆腐干；如何养肺？多吃白色食品，特别是大白萝卜，白萝卜只有生吃才能养肺；如何养肾？多吃黑色食品，特别是黑豆、黑芝麻。

教师　味道和五脏也有关系吗？

医师　酸养肝，但是过酸则伤肝。如醋酸，每天吃一点儿就好，不要多吃；苦养心，苦味的食物可以泄心火，特别是苦瓜；甘养脾，甜味的食品养脾，甜食如各式各样的水果等；辛伤肺，辛辣的食品要少吃，如果离不开辣椒，则需要控制在每天最多只能吃一次；咸养肾，盐是养肾的，但是过咸则伤肾，每天吃盐控制在6克以内为好。

教师　我想每一名学生包括我在内都应学会养生，身心健康的前提是身体机能指标好。

医师　我们的生命永远是个谜，我们医师与教师都应本着研究的态度，边实践、边思考、边研究。

教师　研究型教师首先要坚持读书。所谓研究，必选案例，案例在于总结与积累，并且不断地提升思想高度，融入个人的创造与发现。教师践行的教育生活必须身心合一，专业立身，尊严立身，知行合一，真正的教育生活绝非苟且，学问与身正兼修方为师范。教学是一个持续反思的过程，用思想行走，用创造耕耘，不断追问教育的本质，追问自己，把问题发散，将思维发散，打开一扇窗，发现一个世界。世界是多维的，人生是多层次的，教育不要设置终点。教学极容易导致重复劳动，形成职业倦怠。真正具有天赋且矢志不渝的教师是持续创新，不走重复路，逐步形成个人思想体系，践行个人教育哲学的执着者。

医师　分析认知境界的提升途径，作好加减乘除。“加”积累与归纳，“减”外化由简，“乘”内化由生，“除”发散与迁移。

教师　教育也要做好加、减、乘、除。

加法：专业人才将碎片化的教学整合成课程，走向系统，实现教师的价值。教师不是知识的搬运工，不是传播知识的临时工，要做设计师、领导者、思想者。专业立足科学统筹规划，立足人才系统培养，立足人生长远发展。高考不是一座山，仅是一块石头，不能被压垮，学会跨越，心力之所用必是智慧之所在。学习本质上能带来精神上的愉悦，如果没有了乐趣，怠学、厌学就会迎面而来。高考之轻重，在于加法是否适宜。

减法：加法与减法互为逆运算。教育由加法到减法，找到根源，找到自己，走向“专心致志”。“专心致志”避免面面俱到。“专心致志”需要时间坚守，“专心致志”更要持续的感悟。

乘法：以点带面，善于运用“催化剂”，善于运用迁移思维，触类旁通，总结提炼，抓住重点，追问问题的本原，凡事须从根上下工夫。

除法：教育人才出自师范，教师持续进行文化引领，追踪知行合一的教育轨迹，挖掘教育故事，致力于人生境界的提升，建立一种生活之上的教育时空。

医师　教育也要养，有病没病都要养。

教师　课堂是教学的现场，如何欣赏与评价课堂，我制作了一个《课堂欣赏用语词典》，以此来分析课堂的特征。

A. 安全、爱好：安全是课堂的稳定剂，爱好是课堂的催化剂。

B. 背景、表达：知识的背景是课堂的入口，表达是课堂的出口。

C. 材料、程序：材料本无序，检索聚观念；程序本无形，思路促生成。

D. 对比、导引：对比发现新知，导引探索未知。

E. 扼要、耳目：扼要输出，耳目输入。

F. 发散、发现：发散意味着由根到叶，发现意味着由叶到根。

G. 规律、鼓励：规律决定客体，鼓励决定主体。

H. 互相、唤醒：互相是课堂的血液，唤醒是课堂的灵魂。

J. 节奏、检验：节奏是艺术，检验是生活。

K. 快乐、困难：快乐是课堂的收获，困难是课堂的耕耘。

L. 路径、类型：路径是线，类型是点。

M. 民主、目标：民主要求神散而形不散，目标要求形散而神不散。

N. 努力、能力：努力是过程，能力是结果。

O. 偶遇、偶像：课堂的偶遇就是惊喜，课堂的偶像就是尊重。

P. 评论、判断：评论针对他人，判断针对自己。

Q. 启发、迁移：启发意味着出发，迁移意味着前进。

R. 认真、睿智：认真是态度，睿智是高度。

S. 思维、书写：思维要求动脑，书写要求动笔。

T. 体验、拓展：体验参与其中，拓展实践其外。

W. 问题、文化：问题是内涵，文化是外延。

X. 系统、学力：系统讲究综合能力，学力讲究分析能力。

Y. 原因、运用：课堂为（去声）什么的背后是原因，课堂为（阳平）什么的背后是运用。

Z. 总结、尊重：总结是学的驿站，尊重是教的驿站。

医师　您真是个有心人！

教师　如果给学校会诊，我想谈谈学校的出发点。

1. 破茧成蝶。正视问题，知难而进，蓄势待发，坚持走自己的特色，坚信创自己的品牌。徘徊在十字路口，学校要围绕“深化优势、直击问题、凝心聚力、成就自我”的工作方针从头做起，教师也要根据此方针问自己四个问题：我的优势是什么？我的问题是什么？我的心力在哪里？我的方向在哪里？

2. 聚焦教学。教学的方向要围绕从三维目标到核心素养的发展轨迹实现突破，突破的关键就是整合课程，突出重点，注重类比与迁移，从减负与增质两个方面下工夫。看一个教师的行为，主要看课前、课上、课后都做了什么，看教师所为与学生所学产生多大的关联，看教师带给学生的正能量与正相关证据。

3. 解放教师。教学的背后是教师，教师是学校发展的动力之本。教师水平与能力一定有高低与大小之分，学生培养讲究因材施教。教师的安排务求人尽其才，工作结果取决于理念、热情与能力。学校在合理安排教师发展平台的同时，一定要从理念上引导教师回归职业操守，从自我实现的角度激发创业热情，从终身学习的角度及时充电。每一个人都渴望成功，都有远大的理想，好比内心燃烧的火苗，学校要培育教师成就烈焰，用燃烧的热情为学生的青春点燃希望之路。解放教师就是排除学校干扰，净化教师心灵，持续教书育人之努力。

4. 务实避虚。学校是文化的发生地，行走在感性与理性、人文与科学、民主与法制之间，不可偏执。设计追求“高、大、上”，行动践行“低、小、下”。

5. 精研专业。每一名教师将专业水准的打造与修为作为自己自尊与自重的资本，凡人必观专业程度，凡事必求专业人才。学校为专业人才提供了专业舞台。

医师 所有的职业都要遵循一个道理。

教师 每一次到医院，看到门诊楼内大屏幕上滚动着每一天的专家就诊安排，我就在想，学校也完全可以实现每一天的精细化工作。周一至周六，实行“每日一抓”。

周一抓习惯，促修养。

周二抓榜样，促自信。

周三抓读书，促认知。

周四抓艺术，促励志。

周五抓专业，促服务。

周六抓课堂，促质量。

校历分工表（针对不同的年级特点，实行负责人轮流制）

周次	日期	年级	××办	××办	××办
一		高一			
		高二			
		高三			
二		高一			
		高二			
		高三			
三		高一			
		高二			
		高三			

全面开花，昙花一现；执着一点，学有小成；专心致志，积少成多，这就是循序渐进的内涵。学习是积累的过程，正所谓见多识广。经验逐渐丰富，遇到问题就有了参照，人类的迁移思维由此产生，这就是学习的作用。

医师　我们的病历制也值得借鉴。

教师　医生就诊，实行病历制。教师也可以实行档案式学习管理，保存材料，进行欣赏式评价。医师的会诊是很严格的，那是对生命的高度负责。教师也不能小看自己的工作，比如教学流程：①重点凸显；②方法优化；③教学设计；④变式训练；⑤学习笔记；⑥专项作业；⑦答疑辅导；⑧模块复习。学生学习由厚到薄的过程相对缓慢，这就要求教师引导快不得。学生学习由薄到厚的过程相对迟缓，这就要求教师引导多不得。畅通学习流程，细化学习过程，由慢到快，由少到多，学力自然会提高。

医师 治病救人，救死扶伤，关键在于监测。我建议建立教学监测系统，开展教师教力测试、学生学力测试，针对重点工作加自选项，加教育学，加心理学，加课型，加学科，加三维目标，加核心素养等要素，设置问题考量。谈精进，精进犹如中医就诊：望、闻、问、切。

教师 课堂是学校教育的发生地，形式有度。开放课堂，由学生主导。精彩课堂，由教师主导。正如烹饪，体现在参与与欣赏，参与即享受过程，欣赏即享受结果。开放的课堂由问题牵引，精彩的课堂由问题深化。填压式教学本质是盲目的以量追质，个性化教学是清醒地以质定量。参与与欣赏不是绝对的，在质与量间构建参与与欣赏的均衡。教师在教学过程中的控制主要体现在参与与欣赏的比例，把握不到位就会出现欲言又止、徘徊不前的现象，教师与学生的收获感自然会降低。

原动力来源于自发的本能与渴望。学校教育往往从上到下进行顶层设计的多，从下往上进行观察的具体实践相对不够，所以，个例分析必不可少。成就教师与学生，让人成为学校的活名片，抓住典型榜样，促成学校的符号与标志。走进学生的世界，种下一粒种子，共同培育，呵护希望，这是教师的职业正道。个例分析不仅关注教室内，也要关注教室外，室内室外皆课堂。个例分析更要走进内心。“我是一名教师，在你的青春走过，驻足心间的那一刻，是否激起你的涟漪，走过，路过，是否错过？”教育不能没有感情的栖息。

从三维目标（知识与技能、过程与方法、情感态度价值观）到核心素养，教育的整合呈现明晰化。三维目标是综合法，由外往内达成教学的目标。核心素养是分析法，由内往外突破形式的束缚。

见微知著。“微观”即微言与微行。微言让观点诞生，微行让行动出发。微观注重感性与理性、管理与教学、正面与反面、国内与国外、古代与现代。让师生发出自己的声音，凡是发声的观点必是琢磨的结论，说明个体正在关注教育。养成思考的习惯，心思自然转移到工作中来。教育行动要寻找教育规律，寻找教育依据，就事论事要依法、依理、依规，同时要追溯教育本质，唯有如此，才能找到教育的方向。

因材施教。每一个年级需要学科带头人负责指导学科研究与发展，特别是通过校本习题预设问题、运用信息化进行课堂观察问题、通过课例研究生成问题，将学业进行及时跟踪分析，找出问题症结并做有针对性的辅导。学业质量提升之路一方面基于学生基础，一方面基于教师素养，质量决定于学生学力与教师教力的协调与配合。

抓问题，促突破；抓两头，促进步；抓作业，促实效；抓遗忘，促内化；抓重点，促理解；抓改错，促提高。

考试是对学业的检验，针对不同状况的学生可以考虑分层选择性考试，学校将考试的出发点基于学生的整体发展，多采用相对性原则，让学生循序渐进；少采用绝对性原则，让学生理性竞争。学校要通过名师效应开展名师指导课程，让学生在可看得见的学业轨道上看到希望和进步。从点、线、面、体各角度构建学生的发展空间，凡事可看、可循、可分、可合。

医师 渐入佳境了。

教师 这就是交流的收获。您大大地启发了我的灵感。我们还是找点医师与教师共同关注的话题吧。

医师 生命在于运动!

教师 的确，我们也是一直这样教育学生的。

医师 在古希腊时期，人们提出了“运动和学习同样重要”的口号。科学界早已发现，运动可以让骨骼更健壮、形体更完美，可预防心脏病以及焦虑症、恐惧症、抑郁症，并能够减轻和预防一系列认知障碍的帕金森氏病、阿尔茨海默病、焦虑症等。最近，运动对于健脑益智的奥秘也被揭示出来。

一般来说，所有运动都能健脑。

运动会促使大脑释放脑啡肽等有益的生化物质。实验表明，运动过后，脑组织中的核糖核酸会增加10%至12%，核糖核酸能促进脑垂体分泌神经激素多肽组成的新蛋白质分子脑啡肽，这种物质对促进人的思维和智力是大有益处的。

运动能够促使大脑顶叶和颞叶之间“西尔维裂沟”的“快感中心”分泌多巴胺，这是一种神经传导物质（如吗啡），因此运动能改善不良情绪，有效预防和治疗神经紧张、失眠、烦躁和忧郁等神经性不良症。

运动也会促使左右脑海马区和大脑皮层之间神经细胞的生成与联系更加紧密。美国普林斯顿大学最近的一项研究显示，锻炼能够促使海马体中生成新的兴奋性神经细胞。研究表明，海马区左右两侧的大脑皮层正是唤起更活跃、更积极的情感区，也是人类逻辑、分析和创新思维发生的地方。因此，运动爱好者更容易成为精神饱满并善于创新思维的人。

善于制订运动计划与目标的人，其脑内侧额叶的皮质都比较厚实。研究发现，脑内侧额叶皮质的神经活动情况，可在一定程度上影响人的意志与毅力。

运动还会促使左右脑上、下叶区域增加分泌异丙肾上腺素（ISO）的效果，促进脑部组织对糖原的分解，增加大脑耗氧量，不仅对大脑产生思维敏捷与思路活跃的作用，而且还能增强心脏功能，具有舒张骨骼肌血管、冠状血管和支气管等保健功效。

运动更会促使大脑细胞数量的增多。新增的红细胞和血循环量能够向大脑组织提供更充足的氧气和营养。

大脑活动所需要的能量主要来源于糖，食物是血糖的供给源，运动能使人食欲大增，消化功能增强，促进食物中淀粉转化为葡萄糖，再吸收到血液中变成血糖，从而源源不断地满足脑神经细胞的需要。

运动使大脑更加活动自如，思维更加敏捷。

教师　我又有新的想法了，您说生命在于运动，我说学习在于主动！

学校开展学生自学，这是将学习前置的一种学习方式。既然要前置学习，学生的学习材料一定要充分。视频也好，书籍也罢，让学生自己去检索，防止片面学习。材料给定后，要带着问题自学，问题一定要发散，直白的问题带来直白的答案，学生就成了思考的奴隶，久而久之就成了机器。问题是学习的核心，主要分问题创设、问题分解、问题链接、问题合成等环节。自学属于前置学习、独立学习。之所以说是学习而不是教学，因为教学是不分先后的，课堂教学改革自提出以来，前些年强调教，后些年强调学。强调教者注重“道而弗牵，强而弗抑，开而弗达”；强调学者切勿反其道而行之。教学是师生的思维互动与活动同步，教学是经验与思想的流动，教学是开放的空间与时间存在。功利化教学极易造成学生时间上的浪费，学生学习杂乱而无章法，更谈不上系统化。功利化教学极易造成学生精力上的牺牲，学生进入题海当中，重复而机械地训练泯灭了学生的创造力与学习兴趣。

医师　我的建议是“慢中行”。

提醒学生们注意八项事宜：一安全、二心态、三规律、四习惯、五饮食（注意喝水、补充牛奶、注重质量、注重科学）、六节气、七交流（与家人、朋友、师长、书本、自然）、八坚持。

教师　我的建议就是“微改变”。

微改变是学校的哲学思考。微知、微言、微行、微思、微练、微测，见微知著，积少成多，循序渐进。学校从自身出发，与人的发展一样，找到自己，找回学习。找到自己，从自主、自律、自信、自强的角度寻找答案，让每个学生都找到自己的存在，因为存在而使青春赋予色彩。从个性的角度为学生提供机会，从共性的角度为团队提供舞台。找回学习，学校做好课程顶层规划与设计，例如学习免不了记忆，学校可以设计“一千个为什么”课程，同时以此为依据举办“记忆大赛”，通过教师点评来增强学生的理解与记忆。将课程分解成网络结构，从横向与纵向设计课程方案，让学生的学习活动走向立体化与系统化。找回学习还要从习惯、方法、基础、提高等方面开展“会学”与“学会”的专题研究。将微改变的哲学融入青春的时光里，让学习成为青春最难忘的耕耘，让成长绽放在未来生命的意义中。

在践行学校管理的过程中，微改变必然伴随着精改变。所谓精改变，不是大事小事，事无巨细。精不仅细，而且要准，方向要准，落地要实。微改变要处理灵活。管理是艺术，避免成为“管理妈妈”；管理是科学，思想先行，从激励上多用心，从程序上多用力。学校管理关注群体中的优秀者，教师如何在个性方面得以彰显？这个问题直接辐射和影响整个学校的学校文化。学校管理走专业路线，教学与管理、理论与实践双线并行。从人的角度出发，学校培养的是有灵魂、有血肉的人。从机器的角度实践，学校运行的是有程序、有系统的规则。也就是做人有底线，做事有原则。

医师　我们好有默契，心灵相约又相通。

教师　我们好有缘分，事业相敬又相应。

（二）科学与哲学

（师生对话录——教师与学生）

教师 围绕科学这个主题谈学习。我们构建行、品、知的系统论，在此基础上建立学习系统。行关乎“怠学”，品关乎“劝学”，知关乎“知学”。

学生 老师，先说怠学吧。

教师 好。

学生 老师，学习关键在于行动。有时候想好好学习，可一到了真正落实行动的时候就又懈怠了。

教师 行动跟不上学习，这种现象称之为怠学。学习是一个系统工程，怠学与这个系统中的方方面面都是有联系的，解决怠学问题就是找出影响学习的根源，从而有的放矢，真正回到学习的最好状态上来。

学生 那么，学习系统是如何构建的呢？

教师 学习也是生活，生活的环境是一个知识的海洋，影响生态的主要因素是社会、知识、学习、人。

学生 老师，我知道学习是与方方面面都有联系的，但我总是顾此失彼，不能融会贯通，您能从几个角度来讲讲吗？

教师 我先从正面讲，说说学习的“八度”。

1. 长度。学习犹如跑马拉松，奔跑是持续的努力，成功的标准决定于时间，你可能战胜不了别人，但每一步的努力注定自己距离终点更近。

2. 宽度。学习犹如摆渡，博学日省，善假于物。

3. 高度。学习犹如生态建设，过则污染，乏则贫穷。

4. 热度。学习犹如谈恋爱，相识、相知、相爱，哪一个环节都不能少，直接坠入爱河固然令人神魂颠倒，但缺乏相识的欣赏、相知的交流，相爱也会变得迷惘，正所谓来得快去得也快，没有了热度必然会失恋。

5. 难度。学习犹如取经。唐僧师徒完全可以凭借孙悟空的本领直达西天取经，可要想取得真经必须经历九九八十一难，脚下的路需一步一步走。经书是对文字的记录，真经是个高度，真经的价值唯有经历并战胜磨难的人才能领悟。

6. 效度。学习犹如逛市场。设计什么食谱，选择什么食材，既要考虑经济实惠，又要考虑营养健康。

7. 进度。学习犹如种庄稼，四时有别，作物有类，二十四节气生生不息。

8. 尺度。学习犹如弹琴，讲究韵律，讲究章法，注重均衡，注重科学，体现艺术，体现生活。

学生 从这“八度”上分析怠学的根源，的确有道理。

教师 我再从反面说说学习“八忌”。

一忌不重要。抓不住根本，及表不及里，皮毛而已。

二忌不精简。杂而多，理不出头绪。学习知识，记忆与积累固然重要，但迁移整合与举一反三更关键。

三忌不现实。脱离实际，要么走不进书本，要么走不出书本，前者不能体会知识的精髓，后者不能融入社会。

四忌不专一。学习既要注重全面又要注重特长，博与专力求均衡，更不可“丢了西瓜捡芝麻”。

五忌不坚持。“三天打鱼，两天晒网”终难成大气候。

六忌不思考。一个耳朵进，一个耳朵出，这样的学习等于没学。

七忌不练习。“君子动口不动手”要不得，熟能生巧是良训。

八忌不阅读。书海无涯，开卷有益。古今中外，求知若渴。

学生 原来怠学有这么多行为表现呀！

教师 懈怠总是有原因的。就如治病，找到病因就要及时治疗，否则，错过时机，病入膏肓就悔之晚矣。

学生 老师，咱们从学习的具体内容上分析怠学因素，您能不能以古文学习为例，谈一谈如何学习呢？

教师 好的。学习古文首先必有素材，我们可以从古文中选择数篇进行剖析。从“人生之困”的角度出发，我们提出“看一个人——东坡情怀；看一群人——长征精神；反求诸己——身心健康”的理念。学习古文，我们就选择从中华文化瑰宝上的两颗明珠——唐诗与宋词谈起。我们选择具有时代气息的毛泽东诗词，我们选择《学记》《劝学》《离骚》《归去来兮辞》《兰亭序》《出师表》《岳阳楼记》，这些文章既有历史背景，又有为人、为学、为事、为世的原则和方法论，学习本身就会产生无形的精神力量，而且文章质量非常高，蕴含的人生哲理也是十分深刻的。再有，我建议自己编一部随想录，将《道德经》《墨子》《易经》《论语》《大学》《中庸》《孟子》《传习录》中的精华编集成思想语录，既可作为日常句读练习素材，又会启迪智慧，促使我们灵感的火花不断闪现。当我们学习之后，困难便会自然摆脱。

学生　老师，我发现，您每次为学生指点迷津之时总能一举两得，首先有人生意义的考虑，再从意义构建的角度选择相应的文本，既简约又透彻，主题鲜明，系统性特别强。

教师　优秀的老师应当是过来人，所谓过来人，就是能够从人的一生经历中汲取丰富的养分，带给学生人生的享受。人生是短暂的，大部分人之所以活得不明不白，主要原因有两个方面：一是解决不了生存问题。社会是一个差异与共生的舞台，一个人不能找到自己的位置，就会迷失，生存就成了问题。二是解决不了意义问题。当生存问题解决了，如果意义问题不能回答，那么这个人可以说一生也只活了一天，为什么呢？因为每天都重复昨天的故事。所以真正的人生是这样的：每天都能见到太阳升起，而且每天的生活都不可替代！走出了一条轨迹，达到了一定的高度。有时候仔细想想，时光之痕犹如心脏图，每一刻不停息且波折不一，“此时+此心=此生”。

学生　老师，这么多年，您对学习一定有不少自己的认识，能否概括地谈一谈。

老师　我的教育实践之一是“知、品、行”系统的构建。知指向知识，关键在于科学。品指向品格，关键在于健康。行指向行为，关键在于习惯。知、品、行三者的主题归纳为学习、品质、生活，融入时间观念。态度上分别好比秒针、分针、时针，融入观察视角。方法上分别好比显微镜、放大镜、平面镜。

将从生而俱有的不自觉学习转化为积极寻找的主动学习，唤醒学习的意识，你才真正成为自己人生航船的舵手。学习不是孤立的存在，要构建学习、品质、生活三位一体的系统模式。为什么学习？学习什么？如何学习？这些问题都要考虑学习者的个人品质与生活，考虑周全学习与品质及生活的协调关系，这样学习才能转入知识的海洋。古今中外的智慧大门向你敞开，随着对知识的深入理解，学习系统随之不断优化，日积月累，逐步形成自己的学习模式，学习力自然产生。学习是人的基本状态，有的人无意识学习，只能潜移默化地接受影响，强度与效果都不会显著，生活也是随波逐流。有的人有意识学习，持续阅读与思考，在学习中逐步形成自己的意志力、感悟力、创造力，品格更凸显，成功更拉近。一个人的成就不是因为短处有多短，而恰恰是一个人的长处有多长，它决定了人生的高度。从这个角度看问题，一个人的成功是有意识学习的效果决定了成功的高度。学习好比使用显微镜，你要聚焦自己的细节，问问自己的心声，抓住生活的每个瞬间。品质好比使用放大镜，通过学习认知发现的观念并坚持下去，将其放大，达成品质的形成。学习可促成品质的优化，不要让品质促成学习的完成，否则容易让学习成为负担。同样，品质又可促成生活的优化，不要让生活促成品质的实现，否则容易让品质成为束缚。生活好比使用平面镜，真实是生活的最简单也是最佳的状态，你对生活的观察会通过平面镜呈现给自己。

学习的过程意味着面对困难，毕竟学习最终需要突破自己，进入学习空间，困难、困境、困苦也会随之而来，战胜三者的体验就是学习的乐趣。量变达到质变，学习达到一定程度，“三困”灰飞烟灭，学习成为常态。突破困难是指学习者要持续思考，寻找路径，保证自己始终处在学习的状态中，探究方法，有时需要寻求合作，寻求继续的力量，最终实现破茧成蝶。突破困境是指学习者要营造学习时空，保证学习专心致志。突破困苦是指学习者克服人性的弱点，适当引入艺术与运动的元素。学习是脑力劳动，也是体力劳动，为了保证生命的健康，劳逸结合必不可少。学习是有节奏的，快与慢、多与少、学与思、学与行、集中与分散、目标与效果、过程与方法、时间与空间的选择与状态关系学习的进程，学习者需要辩证地解决相关问题，将学习进行到底。

学生 老师，请您说说劝学吧。

教师 劝学可参考荀子的《劝学》。

学习需要坚持：“君子曰：学不可以已。”

学习需要反思：“君子博学而日参省乎己，则知明而行无过矣。”

学习需要心态：“神莫大于化道，福莫长于无祸。”

学习需要方法：“君子生非异也，善假于物也。”

学习需要选择：“君子居必择乡，游必就士，所以防邪辟而近中正也。”

学习需要意志："物类之起，必有所始。荣辱之来，必象其德。故言有招祸也，行有招辱也，君子慎其所立乎！"

学习需要积累："积土成山，风雨兴焉；积水成渊，蛟龙生焉；积善成德，而神明自得，圣心备焉。故不积跬步，无以至千里；不积小流，无以成江海。骐骥一跃，不能十步；驽马十驾，功在不舍。锲而舍之，朽木不折；锲而不舍，金石可镂。蚓无爪牙之利，筋骨之强，上食埃土，下饮黄泉，用心一也。蟹六跪而二螯，非蛇鳝之穴无可寄托者，用心躁也。"

学习需要信心："故声无小而不闻，行无隐而不形。玉在山而草木润，渊生珠而崖不枯。为善不积邪？安有不闻者乎？"

学习需要务实："君子之学也，入乎耳，箸乎心，布乎四体，形乎动静。端而言，蠕而动，一可以为法则。小人之学也，入乎耳，出乎口；口耳之间，则四寸耳，曷足以美七尺之躯哉！古之学者为己，今之学者为人。君子之学也，以美其身；小人之学也，以为禽犊。故不问而告谓之傲，问一而告二谓之囋。傲、非也，囋、非也；君子如向矣。"

学习需要指导："学莫便乎近其人。"

学习需要专心："学也者，固学一之也。"

学习需要品质："生乎由是，死乎由是，夫是之谓德操。德操然后能定，能定然后能应。能定能应，夫是之谓成人。天见其明，地见其光，君子贵其全也。"

学生　听老师如此分析，荀子用心可谓良苦多多。

教师　学习文言文，荀子的《劝学》是一篇非常好的例文。

词类活用、古今异义、通假字、文言实词、文言虚词、各种句式、比喻手法、对比手法、排比句无一不包含其中，且体现频率之高，用法之妙，在文言文中实属罕见。

学生 如此说来，我们可以举一反三，以便达到触类旁通的效果。关于学习，荀子好像没有谈及迁移思维。

教师 正确。正因如此，我们要博采众长，善假于物。荀子的文章独具风格。它既不像《老子》那样，用正反相成、矛盾统一的辩证法思想贯穿始终，也不像《墨子》那样，用严密、周详的形式逻辑进行推理；既不像《庄子》那样，海阔天空、神思飞越，富有浪漫主义色彩，也不像《孟子》那样，语言犀利、气势磅礴，具有雄辩家的特点。他的文章朴实浑厚，详尽严谨，句式整齐，擅长用比喻手法阐明深刻的道理。荀子的文章更具学者之气。

学生 老师，荀子跨越千年的谆谆教导仿佛就在耳畔，让我们灵魂颤动，也让我在汗颜的同时深刻感受到学习的价值与意义。如果你劝我们学习，你会怎样劝告我们呢？

教师 换做本人，我会问：你想如何？

学生 我想如何？

教师 “我想如何？”恐怕是未来每个人必须要常问自己的问题。创造与创新的萌芽就是从想法开始的，因此，人的自然成长轨迹是这样的：我想如何—理论依据—政策法规—专家论证—平台搭建—实施行动—做出自己。过自己想要的生活也是从审问自己的内心开始的。

学生 老师，您不妨举例说明。

教师　一个人有想才有行，连想都不想的人希望太渺茫，距离成功也会非常遥远。想分三种：幻想、理想、梦想。我以我自己的作品解释一下其中的内涵。

学生　先说幻想。

教师　幻想，一首小诗《假如我是一片树叶》，主题就是回归自然，寻找自我！

假如我是一片树叶

假如我是一片树叶/沐浴着阳光/呼吸着空气/地球成了氧吧

假如我是一片树叶/品尝根的乳汁/恣意干的枝头/想象成了幸福

假如我是一片树叶/苍遒的皱纹/老了的根/朦胧的双眼/分不清/泪珠激起的涟漪/时光雕刻的年轮/幸福远不止想象

假如我是一片树叶/你的芬芳/我最懂/每一次摇曳/都是风中的起舞/每一次洗礼/都是雨中的圣洁/只为那春天的约会/"化作春泥更护花"是我最长情的告白

学生　老师，我感受到了生命与幸福、感恩与责任，这一切提醒我们勿忘学习，学习让我们感受到人生的美好。

教师　再谈理想。理想，一篇散文《我的理想》，主题就是立足时空，超越时空！

我的理想

理想是对未来的想象或希望，我的理想是周游世界。

我出生于农民之家，不比书香世家，更谈不上富贵之族，从小就在心灵上烙上了“吃得苦中苦，方为人上人”“成功等于百分之九十九的汗水加上百分之一的灵感”的印痕，于是，在我的世界里，凡是认识我的人都说我是个好孩子，那时候，好孩子的标准也许就是当年年少的我的形象。

可我不想做个“好孩子”！

我是一个追求自由的人，我想痛快地玩。初生牛犊，精力无限。世界那么精彩，为什么不尽情奔跑，偏偏守什么规，定什么矩。我是一个好奇心极重的人，总想追求事物的极致，看看变化的新奇。我是一个喜欢创新的人，什么事情持续的时间太久了，如果没有创新，人类不会由原始社会发展到如今这般模样。久而久之，在农村的天地压抑久了，我就萌发了出去闯闯的想法，这或许就是我想周游世界的根源所在。

我其实还是一个好孩子！

我相信古人所说“读万卷书，行万里路”是正确的，因此，我对学习不厌倦，但由于我的智力水平不高，加之受多种因素影响，我认为我的理想不应该定得太高。但我的情商不低，我从小就笃定我是一个有心人，一个坚持原则的人，一个积极进取的人。久而久之，我就坚定了走出老家的想法，这或许是我的理想初具雏形的原因所在。

在坏与好的纠结中，我渐渐长大，伴随我长大的还有我的理想。

周游世界，认识世界，发现宇宙之奥秘，欣赏地球之奇观，善行天下，阅读全球，开阔视野，丰富认知，世界因我而精彩，我因世界而美丽。

有心人，天不负！我的理想一定有实现的那一天！

首先是时间问题。为了周游世界，我要积极地生活，持续地健身，延长生命的长度。人生，什么时候开始都不晚，有些事要趁早，早不了的时候也要随时做好准备。

其次是资金问题。旅游是需要经费的，我要努力地工作，一方面成就他人，另一方面积攒资金，合理理财，为自己的理想提供有力的支持。

再次是措施问题。周游世界，包括世界每一个角落，条件成熟的时候就行动，采用循序渐进的原则，大游不成就小游，远游不成就近游。

然后是方式问题。周游世界是认识世界，认识世界的方式是多种多样的，各种网上资源、书籍、电影等为我们了解世界提供了解读的范本，我要读书进而读世界。当我的心灵与世界契合的时候，旅游就会一见如故，身临其境，流连忘返。

理想是人生的信念，没有理想犹如在黑暗中航行，看不到希望的同时也失去了人生的意义与价值。理想犹如黑暗中的灯塔，指引我们走向正确的方向。但是有了理想不去奋斗，人生的航船仍然可能触礁。为了实现我的理想，我重新构建了我的生活方式，让我的人生与理想达成和谐状态，让理想成为我生活的指南针。

理想就像影子，只不过影子在后，理想在前。有时影子看不见但始终存在，理想也如此，有时看不见，但每个人的内心总会偶尔生成一种莫名的不安，那是心的呼唤，那是理想的问候，那就是人的真我再现，理想的高度伴随心的召唤。为了实现我的理想，我重新构建了我的价值体系，让我的人生与理想达成协调关系，让理想成为我生命的镇静剂。

我的理想并不稀奇，正如地上的路，地上原本无路，走的人多了就成了路。尽管如此，我的理想之路却不失平凡。一个人的理想之路必须自己完成，我的轨迹因为我而独一无二。

永不放弃。终有一天，我总会分不清：哪一个是理想，哪一个是现实。那是因为理想照进了现实，现实成了我的理想，于是，理想并不重要了，可有可无了，人生豪迈当此时！

生活的理想就是不必有理想，现实就是理想的呈现，这是我更大的理想！

学生　真好！这是个现实版的学习故事。老师，听了您的故事，我恨不得马上开始学习，学习让我们每个人都成为有故事的人。

教师　最后说梦想。梦想，还是一首小诗《虽然》，主题就是现实越深刻，梦想越执着。

虽然

虽然我不知道/漫漫长路/终点何在/但是我知道/不畏浮云和孤寂/不改原则和初衷

虽然我不知道/缤纷世界/选择何求/但是我知道/变换角度读生活/坚定未来再出发

虽然我不知道/忽然人生/境界何方/但是我知道/那儿绝不是我想象/这儿远不是我高度

风吹雨打/还能守望良知/斗转星移/还能秉承热爱/时过境迁/还能发现生命的火焰

人生的纪念碑/生命的长方体/虽然/有形/但是/也无形

学生　学习让我们成为一个有品位的人。可是，老师，梦想真的存在吗？您是过来人，您的梦想怎样了？

教师　与学习一样，每一个人都有执着心。世间没有十全十美，因为思考心永远走在我们前面，活着只需要好好感悟生命就是最好的了。梦非梦，非梦亦是梦。不完美也是完美。不妨再看一首我的感悟诗。

学生　好！

教师　题目就叫《就这样》，这是我读屈原的《离骚》之后的感想。

前人说/蓦然回首/那人却在灯火阑珊处/就这样/我一次次回头/凝望那阑珊的灯火

别人说/你别信/那分明是一个谎言/可是我/我说前人不会说谎/不然/一句话/流传了那么多年

老婆说/你心中不是我/还有她/就这样/我被迫出门/走向那月下的荷塘/不用回首/猛抬头/我就站在那灯火分明处/远不是每次回首的阑珊/这是震感的中心/有个声音分明在呐喊/为何你不牵我的手/同看海天成一色/我泪眼蒙眬/才明白/这么多年/我在蓦然回首/你在海角天涯/就这样/我在起点/你在终点/相思千万缕/剪不断/理还乱/是离愁/别有一番滋味在心头

前人说/夜半钟声到客船/我赶紧奔回家/寻找那张旧船票/就这样/我一次次寻找/寻找那世外的桃源

别人说/你别信/那分明是一个谎言/可是我/我说前人不会说谎/分明/我看见了遥远的桃花

学生 每一个人心中都有一个桃花林，但愿桃花深处，佳人在水一方。

教师 专心致志，相信岁月的磨砺！持之以恒，相信坚持的力量！

学生 老师，知学又如何呢？

教师 知学最好从《学记》说起。

学生 为什么从《学记》说起呢？

教师 百年大计，教育为本。从古至今，大凡执政者无不把教育放在首位。《学记》是我国最早的一部关于教育、教学的论著，是古代教育界的一本教科书，是闪耀着儒家光辉思想的一面旗帜，是中国乃至世界上最早、最具系统性、理论性的教育专论之一。其教育思想对后世产生了深远的影响。

学生 既然如此，老师，您不妨详细谈谈。

教师 中庸之道是《学记》的核心思想。《中庸》思想的核心是“中”与“和”。喜怒哀乐之未发，谓之中；发而皆中节，谓之和。中也者，天下之大本也；和也者，天下之达道也。致中和，天地位焉，万物育焉。概括为“执两用中”，处理统一与均衡的辩证关系。

学生 如果举例说明呢？

教师 《学记》：“君子如欲化民成俗，其必由学乎！”对应《中庸》：“好学近乎知，力行近乎仁，知耻近乎勇。知斯三者，则知所以修身；知所以修身，则知所以治人；知所以治人，则知所以治天下国家矣。”

教师 《学记》：“博习亲师”“知类通达”“强立而不返”。对应《中庸》：“博学之，审问之，慎思之，明辨之，笃行之。”

教师 《学记》：“禁于未发之谓豫”“发然后禁，则扞格而不胜”。对应《中庸》：“凡事预则立，不预则废。”

教师 大学之道是《学记》的行动指南。试看《大学》论述：“大学之道，在明明德，在亲民，在止于至善。知止而后有定，定而后能静，静而后能安，安而后能虑，虑而后能得。物有本末，事有终始。知所先后，则近道矣。古之欲明明德于天下者，先治其国；欲治其国者，先齐其家；欲齐其家者，先修其身。欲修其身者，先正其心；欲正其心者，先诚其意；欲诚其意者，先致其知。

致知在格物。物格而后知至，知至而后意诚，意诚而后心正，心正而后身修，身修而后家齐，家齐而后国治，国治而后天下平。”

学生 感觉教育与社会联系得太紧密了。

教师 围绕教学，《学记》有深刻的解读，主要体现在教学目的、教学原则、教学方法等方面。

学生 教学目的是什么？

教师 《学记》中强调“建国君民，教学为先”，结合《大学》简述为“亲民至善”。

学生 那么，教学原则是什么呢？

教师 一是长善救失原则。“学者有四失，教者必知之。人之学也，或失则多，或失则寡，或失则易，或失则止。此四者，心之莫同也。知其心，然后能救其失也。”作为教师，必须及时了解学生的学习心理，及时了解不同学生之间的心理差异，做扬长避短、补偏救弊的工作，让学生不要偏离学习的轨道。二是藏息相辅原则。“大学之教也，时教必有正业，退息必有居学”“故君子之于学也，藏焉修焉，息焉游焉”。三是启学善问原则。启发式教学强调“故君子之教，喻也；道而弗牵，强而弗抑，开而弗达。道而弗牵则和，强而弗抑则易，开而弗达则思。和易以思，可谓善喻矣。”问答式教学强调“善学者，师逸而功倍，又从而庸之。不善学者，师勤而功半，又从而怨之。善问者如攻坚木，先其易者，后其节目，及其久也，相说以解。不善问者反此。善待问者如撞钟，叩之以小者则小鸣，叩之以大者则大鸣，待其从容，然后尽其声。不善答问者反此。此皆进学之道也。”学习就是研究学问，此处诠释最为经典。四是教学相长原则。“学然后知不足，教然后知困。知不足，然后能自反也；知困，然后能自强也。故曰：教学相长也。”“教学相长”的本意是指教师自身要不断地向书本学习和向教育实践学习，也就是教师先学是第一步，再将学到的知识教出来，这是第二步，完成两步才算完成教师使命。近代也将其引申为师生相辅相成、相互促进、彼此激励的辩证统一关系。本义与引申义的演变，说明教学更关注学生的状态对教学的重要性。

学生 老师，那教学方法是什么呢？

教师 “预、时、孙、摩”。“大学之法：禁于未发之谓预，当其可之谓时，不陵节而施之谓孙，相观而善之谓摩。此四者，教之所由兴也。”“预”就是预防为主的原则。人非圣贤，孰能无过？但过犹不及必将后患终生。“时”就是及时施教的原则。把握时机就要准确定位天时、地利、人和。“孙”就是循序渐进的原则。既要考虑学生认识活动的顺序，又要遵循科学知识内部的逻辑系统进行教学。“摩”就是取长补短的原则。人与人互相影响，互相学习，学问如琢磨，安学亲师，乐友信道，榜样的力量不可小觑。

学生 老师，您从《学记》中反思到什么？

教师 在教学为先的时代召唤下，让尊师重教成为社会的风气，让学习成为人们的生活方式。教师新时代的使命就是“善喻务本”。“道而弗牵，强而弗抑，开而弗达。道而弗牵则和，强而弗抑则易，开而弗达则思。和易以思，可谓善喻矣”。善喻追求无类却留白。“大德不官，大道不器，大信不约，大时不齐。察于此四者，可以有志于本矣。三王之祭川也，皆先河而后海，或源也，或委也，此之谓务本”。务本追求无形却寻根。

学生　老师，《学记》与当今教育最明显的差别是什么？

教师　主要体现在学习内容上。所以我们结合古、今、中、外的教育发展成果，建立我们自己的课程理念，融入科学知识的内容体系，明德敏学，兴才盛世。

学生　老师，我们常谈上学多指上课，那到底什么是课堂？

教师　课堂要遵循规律。《学记》明确“道而弗牵，强而弗抑，开而弗达”的教学观，过牵、过抑、过达都是对学生学习的干预。课堂要与时俱进。《中学生守则》指出“好学多问肯钻研，上课专心听讲，积极发表见解，乐于科学探索，养成阅读习惯”，钻研学问就是里，言行是表。学对应听与读，问对应发表见解，钻研对应探索。课堂就是学问的发生地。课堂要学思结合。

对于中学历史教材中“三民主义的形成和发展”这一课程，我认为可以构建两种教学模式，一是基于教材的批判法，不断致疑提问，通过小组合作学习、提问、分享、点拨四个环节展开对文本的学习。学生可充分利用身边的教学材料，秉承“学生不会提出问题就不会解决问题”的教学观。二是基于问题的发散法，课堂可引入以胡适所言立论：“一切主义都是某事某地的有心人，对于那时那地的社会需要的救济方法。”学生通过小组合作学习、分享、点拨、归纳总结形成本堂课的精彩论断。学生自然会从主义、事、地、有心人、需要、方法等主题思考三民主义的产生、发展与实践，进而反思历史课堂教学。一是学，要走进历史探微，走出历史探秘，从古今、中外、人事、思想与实践等对比中解读历史资料。二是思，从学科的科学性出发，挖掘历史的本质，形成脉络化与线索化，进而在梳理知识的同时展开历史价值的思考与认识。“学而不思则罔，思而不学则殆”，课堂的构建是知识与学习在学习者身上发生的合力作用。

语文学习，主题是“欣赏·表达”，解读为欣赏世界，表达自己。课程从“演讲与口才”“阅读与写作”两方面入手，着力培养学生的听、说、读、写的能力。

一个完整的人，既要注重科学精神，又要坚持人文情怀。人文情怀多从社会学科中表现出来，文字、发生、情境、问题、思想、方法、创新、检索能力、归纳与演绎是其主要特征，由感性向理性转移。科学精神多从自然学科中表现出来，符号、发现、实验、问题、思维、方法、创造、整理能力、类比与迁移是其主要特征，由理性向感性转移。二者最终达到真、善、美的统一。

学生 老师，怠学、劝学、知学三者的关系是怎样的？

教师 问得好！好比江河入海的河流，怠学是方向问题，要加强导向，使河流继续流下去，怠学有时需要强制行为。劝学是梳理，要加强河道治理，使河流不能决堤。劝学是鼓励学习，要摆事实，讲道理，身临其境，感同身受。知学是策略，要将河流科学利用，让人与自然构成和谐生态关系，让生活更美好，追求学习、品质、生活的统一性。三者是学习行为的三个不同层次，热爱学习就从怠学、劝学、知学的道路上持续发力，并收获学习的快乐。

学生 老师，我颇有感悟。

教师　下面围绕哲学这个主题谈学习。哲学绕不开人生，人生有困、有过、有为。困有三：困难、困境、困苦；过有三：过错、经历、超越；为有三：行、品、知。儒家从正视角度解读人生，透析困难、困境、困苦的困之三境；道家从侧视角度解读人生，透析过错、经历、超越的过之三境；佛家从俯视角度解读人生，透析行、品、知的为之三境。

行：一学。道生一，一生二，二生三，三生万物。历史的演化成就世界的精彩，有时我们会因此迷失方向，所以从哲学角度讲，我们审视世界要探究本原，发现原问题，也就是问题背后的问题，从根本上解决并践行一学。

品：心性，品格源于心性。心系于思，建立心课程，回归本真，践行恒悟。恒是行，悟是知，知行合一需要入心，恒字与悟字都是心字旁。

知：过境，过之三境，教育三部曲（《人生从此扎根》《看得见的时光》《只为情怀》）就是教育的内涵解读。

为此，我们分析新时代的教育观，我们能够达成五点共识：一是大教育观。教育具有时代性、社会性、终身性、综合性、集成性。教育工作者一方面要贯彻落实，从古至今，兼容并蓄；另一方面要教育传承，人类延续，薪火相传。二是教学为先。《学记》《劝学》都十分鲜明地强调教学的重要意义。三是育人为本。人性有多美好，教育就有多光明。鲁迅在作品《药》中揭露了病的本质以及治病的办法，旧社会的人需要医治肉体的药，更需要医治灵魂的药。读鲁迅作品，不自觉地发现其深刻的雕刻功夫。教学与人的成长息息相关，二者的共性是节奏，成人与成才的实践基础是恰逢其时、恰到好处。就像鲁迅的《药》正好与当时的社会对症，唤醒人们良知的觉醒。鲁迅作品还有一个特点就是科学与人文的平衡追求，也是其艺术的高超之处。《药》的故事情节采取“双轨制”，一明一暗，忽明忽暗，鲜明的对比增加了作品的穿透力。历史也往往如此：走在前面的孤独，走在后面的无知。四是科学与哲学的相遇。人生三视图：正视图是“三困”，侧视图是“三过”，俯视图是“三为”。五是差异与共生。时代一直走在召唤的引领之下，时而个性，时而共性，教育就是召唤的号角。

学生　想想我们的成长就是在这个大时代里发生的，走过了就不可能重复，这也是很后怕的。

教师　为了学生不可重复的青春岁月，学校应该明确自己的建构观。

点：教师——全面教育；学生——全面发展。

线：年级——“行、品、知成长规划系统工程”。

面：学校——“人才与社会未来规划系统工程”。

体：教育——教育哲学的实践与思考。既要注重“读书—课程—社团”的整体育人系统，又要为学生私人定制提供可能。

学生　老师，请先分享一下您的观点。

教师　学生上学就是来读书的，所以一定要学会欣赏阅读之美。

读书读出真、善、美，读书鉴出天、地、人。一是时间，节奏是作品的基调。二是空间，境界是作品的层次。三是主题，旋律是作品的引力。阅读，从作品上讲，能入能出；从作者上讲，问人问己。真知乃知、善本乃行、美感乃品。天即知，地即行，人即品，天时、地利、人和是最高境界，行、品、知是核心要义、精神之根、文化之源。读《黄帝内经》与《易经》，我们能够体会到无论是医师还是教师其实都在治病救人，双方工作都离不开安全与疾病，安全要靠防、改、救，疾病要靠养、调、治。医师讲究精气神，教师讲究真善美。读《苏东坡传》理解一个人的挣扎，读《长征记》知晓一群人的斗争。读书伴随十二种表达方式：听报告，说故事，读经典，写随笔，唱流行，看电影，当导游，演话剧，思人生，学榜样，做实验，观天下。如果每个表达都从行、品、知三个角度选择典型就构成教育三十六计。如果每个表达都从学科核心素养入手，重新构建课程，整合课程，就能从横纵两个方面编织课程体系网，杜绝知识化、碎片化、无序化、割裂化，实现思想化、主题化、系统化、网络化，真正提升教育的质量。

学生　老师，再分享一个。

教师　学生上学就是来上课的，所以一定要学会读懂课堂内涵。

课堂是学、思、做的综合，问题的提出、分析、解决就是学、思、做的形式，学中做与做中学都可以从课堂观察的角度去分析。思的课堂却不容易把握，需要专业型的内行人士开启智慧的大门，思维与境界因人而异，逻辑存在明显的差异，教师的专业高度主要体现在思的课堂。

以“椭圆及其标准方程”一节为例，我们可以按三个教案进行本节教学。

1. 生成学习法：探究规律本原。

借助计算机辅助教学，充分挖掘教学网络资源，提供多种椭圆生成的作图方案，让学生自己面对情境解决问题。

2. 思维学习法：还原知识生成。

发散：解析几何图形的拓展问题，由已知与未知确定椭圆的演示，体现变化过程。极限思想，两点由“0”渐大，直至拉直绳子，甚至拉断。

类比：圆的数与形，抓住点与长。

(1)思想：数形路径；

(2)比较：圆与椭圆；

(3)总结：概括定义，生成概念。

注重过程，多用综合法。由特殊到一般，由具体到抽象，由数字到字母，先简单后复杂。由学生自己完成。

3. 阅读学习法：合理使用教材。学生阅读，小组研讨，提出问题。问题：结构层次（演示、定义、方程推导、再认识）。分析问题：小组成果。解决问题（演示他法、定义剖析、方程推导难点、再认知侧重点）。阅读就是寻找问题、批判问题、归纳问题。注重结果生成，多用分析法。提出问题是阅读的基本要求，分析问题是交流的素材，解决问题是学习的关键。

学生　效果不一样！

教师　下面谈一谈关于概念学习的思考。如“两直线平行，同位角相等”“同位角相等，两直线平行”。前者是性质，后者是判定。一个概念也是如此，在学习过程中如何判断概念的生成，又如何根据概念去解决相关问题，这两个方面是概念学习的关键。概念教学首先从实际出发，基于学生的经验，重新还原文字与符号的生成过程；其次是路径选择；再次是方法探究；最后是方向达成。如数学函数奇偶性的学习，我们要从学生刚从初中上来的学习经验，以正比例函数、反比例函数、一次函数、二次函数为例，让学生自己描绘图像，教师根据图像的对称性特点，从解析式与图像两个侧面分析、归纳、总结，引导学生对奇偶性产生印象，让学生自己总结、完成概念的生成。概念生成后，教师提出判断奇偶性的方法，通过个例从正反实例中发现定义域与解析式的双重影响，同时也会发现奇偶性的四种类型：奇函数非偶函数、偶函数非奇函数、非奇非偶函数、既是奇函数又是偶函数。奇偶性学习自然分成两部分：一部分是对奇偶性的判断，一部分是已知奇偶性等函数性质来解决实际问题。

学生 老师，其他学科呢？

教师 近日我听《烛之武退秦师》的课堂教学后有所感悟，就此谈谈文言文学习的个人观点。

文言文也是语言，语言必然讲究听、说、读、写，一堂文言文学习课一定是在听、说、读、写的基础上处理如何"做"的问题。以《烛之武退秦师》为例，谈谈我的文言文学习观。

1. 听。穿越时空，了解时代背景，践行立德树人。查找书籍，搜寻网络资源，利用电子产品等工具，我们可以身临其境地了解古代的历史，只有感同身受，学习才会深刻。如果教师研究历史达到一定的程度，不妨讲述给学生听。听，一定要听出精彩，达到享受的程度。再现历史，意味着穿越。如果学生没有好奇心，那么学习文言文就只是形式而已。

2. 说。学法指导，导向先行；课堂改变，设计先行。在文言文未达到直读的程度时，我们只有通过翻译将其译成现代文进行阅读。因此，教师需要针对学生的情况做一次专题讲座——“文言文翻译的方法与路径”。翻译突破字、词、句，诸如通假字、生僻字、多音字、古今异义字，常见实词、词类活用、成语、使动用法、意动用法，省略句、倒装句、句式变换等。关于字、词、句的学习，学生是完全可以通过合作学习来完成的，一是合作互助，二是工具书的使用。学习语言要善于使用工具书。养成使用工具书自学的习惯，这是自学的第一步。课堂需要设计，教师为学生提供自学方案。学生自学，教师在课前了解学生的自学状况，梳理疑难问题，通过问题设计课堂学习。在课堂反馈过程中，或小组代表发言，或个人发表见解，此时应注意三点：一是学生要主动站起来发表意见或不耻下问；二是要选出一名学生进行观点认同，让思想流动；三是教师点评及时跟上且表述清楚，不要让其他学生拿不定主意，不知如何选择。学生自我意见表达，学生两两对话，师生观点定位，让观点创生、共鸣，学生经过主动学习、比较学习、教师点拨，灵感自然会出现。

3. 读。古人云：“书读百遍，其义自现。”默读、朗读、个读、共读、角色读、精读、速读，形式因文而定。

4. 做。做就是解读与解析，做就是对学科知识与方法的琢磨与体会。文言文学习可以采用文言文对话表述、情景演绎的方式让学生交流与欣赏、参与与体验。做分两种：一是入戏，以第一人称的角色参与情景再现；二是出戏，以非第一人称的角色分析情景。多媒体技术的发展为情景分析提供了诸多方便，教学要合理利用各种资源。

5. 写。走出历史，以古鉴今，与时俱进，将自己的认知与想法通过写进行表达，然后进行分享。

特别强调一点，学生或根据教师提供的自学方案或按教师布置的学习策略进行学习，无论是哪一种情况，学生都要有记录本记录自己的学习收获，任何一门学科就如同语文学习写日记一样，记录就是写日记，实现学习的由厚到薄，在复习巩固的同时加深对学习的理解。

学生 老师，概括一下您的课堂解读。

教师 我的课堂解读=视角+表达。

课堂解读（解读=视角+表达）

序号	视角	表达一	表达二	表达三
1	境界	探索与发现	思想与方法	生活与艺术
2	层次	行	知	品
3	状态	固态	液态	气态
4	学习方式	互学	共学	自学
5	图示	点	线	面
6	问题	提出问题	分析问题	解决问题
7	切入点	情境	问题	材料
8	方法	分析法	比较法	综合法
9	主题	探究	思维	阅读

续表

序号	视角	表达一	表达二	表达三
10	重心	学+思=做	学+做=思	思+做=学
11	三维目标	知识与技能	过程与方法	意志与品质
12	核心素养	社会参与	文化基础	自主发展

课堂解读，千变万化，永无止境。（未完待续）

学生 老师，再介绍一些经验。

教师 中学生应该开始写日记。日记不是单纯的语文随笔，各科学习笔记也是学习的日记。写日记，行、知、品最重要，行从探索与发现的角度分析，知从思想与方法的角度分析，品从艺术与生活的角度分析。行多用记叙文，知多用议论文，品多用说明文。三者都要注重正反论证、类比分析、特例研究，同时注重运用“综合与分析”“特殊与一般”“整体与局部”的策略。日记将生活由厚到薄，同时实现个人的由薄到厚。从2017年9月1日起，本人开始写日记，一为记录生活，实践自己“看得见的时光”的哲学思想；二为反省自己，从“行、品、知”体系精简自己的生活；三为创作积累素材，人生是积累的结果。文字是生活的积累，也是积累的生活，边记录边观察。日记是最好的形式，最好的记录，最好的生活。岁月变迁，世事沧桑，日记终将成为创作的最好素材。再现历史，审视现实，憧憬未来。

学生 老师，请您继续讲解。

教师 学习“1+1”模式。作为一名数学教师，我的数学专业研究既要重数量又要重质量，既要重课内又要重课外，既要重理论又要重实践。研究一定要立足其一拓展其二，既要立足自身又要学习他人，既要学习今人又要学习古人，既要借鉴国内又要借鉴国外。中学数学课程构建提倡立体学习，按点、线、面、体顺序，注重详略得当，从基础、思维、拓展、迁移结构谋篇布局。也就是基础详抓点，思维略抓线，拓展得抓面，迁移当抓体。作为一名数学教师，我以数学为根本。根据“1+1”模式，我又结合个人的兴趣独自进行语文学习，学习《现代汉语》，研究中学语文基础知识，加强阅读并书写随笔。我想学生学习好几科知识，一定能够以一带一，辐射学习，启发学习。

“1+1”模式本身需要比较学习，通过阅读比较，我们发现《哈佛家训》是反映价值观的好作品；《作文四书》是写作入门的好作品；《摆渡人》《偷影子的人》《追风筝的人》是当代英法美的畅销书籍，代表了欧美文学的审美情操与艺术风格；卡耐基著作是“演讲与口才”课程优秀的参考书目。所谓以一带一，我的治学理念是持续促进，永远走在产生灵感的路上。

学生 老师，请继续。

教师 学生上学时间太长，这也是不争的事实，我们有必要分析一下小学、初中、高中的特点。孩子除在学校正常学习外，家庭教育中不可缺少的环节应该如何实施？我结合自身实际谈谈个人的观点：小学教育追求的是“玩”，在玩中体味智慧与快乐。小学期间，我主要陪伴孩子做八件事：阅读、喝牛奶、弹吉他、下围棋、旅游、游泳、看电影、骑行。从以上八件事中学习常识，养成习惯，建立行的规则。初中教育追求的是“专”，要从孩子的实际出发，确定专项培养，要有计划并有相应的课程支持。我也是主要从八个项目入手：读唐诗、做几何、学文言文、作文、当书虫、学数学、打网球、写书法。从以上八件事中学会学习，磨炼意志，形成品的质量。高中教育追求的是“强”，首先是高考科目的确定，然后是将学习达成深刻的程度，同时劳逸结合，享受三年的书海遨游时光。高考科目基本上考查六科知识与能力，学生在此基础上注重身体成长与心灵成长，科学规划，专心致志，形成知的厚度。

学生 老师，那您也给我们青少年提几点建议吧。

教师 提八点建议：一、尊重。低调做人，高调做事，给人机会就是给自己机会，退一步海阔天空，尊重也是学习的最好时机。二、时光，时间能证明一切。抓住今天，将意义、规律、热爱等要素融入自然，不管风雨，无论阴晴，生命中出现的都是人生最好的遇见。不辜负上天的赐予，怀感激的心情平静地接受，勇敢地面对。三、生死。安全永远放在第一位，灵魂是苦难之上的自由。坦然面对，珍惜生命。四、困难。面对困难一要不能侥幸为之，二要勇敢面对，三要保持良好心态，四要注重方法，五要做好积累形成财富。五、选择，选择是价值的操守和自我的认知。六、宁静，真正的自己到底是什么？静心、省身、修复、读书、坚持，世界是你眼中的模样，幸福是你心中的感受。七、坚持。没有随便的成功，成功是积累的梦想达成，且行且思，持续感悟，坚持好习惯，改掉坏习惯。八、学习。享受学习、学会学习、学有所成是学习的三个境界。围绕一个中心设计生活，正如计算机程序一样，从头到尾，考虑周全，要知道路径和运算结果，未来唯有学习能够把握。

学生 老师，您如何看待合作学习？

教师 合作学习是必不可少的，学校是个学习场所，互相影响不可避免。人无完人，只有打开自己封闭的世界，阳光才能进来，否则我们就不会有太好的生活。尽管随着阳光进来的还有灰尘，那也是尘世难免，只要我们经常除尘，提高自身的免疫力，正能量远高于负影响。合作学习的构建要将学科思想融入小组文化理念当中：包括生物的共生、进化、创造，物理的合力、作用力、加速度，化学的催化剂、条件、平衡，语文的人文素养表达，数学的空间想象能力、抽象思维能力、逻辑能力、计算能力，英语的国际视野等。总之，一个人需要忍耐孤独，考验意志。多个人需要学习交流，分享思想。

学生 老师们一直讲处处是生活，教育也是生活吗？

老师 当然是。教育走向生活主要体现八个主题：

1. 真实是生活的本来面目，平凡而简单，做点儿无聊的事。
2. 实践是生活的主要内容，乐园、乐土、乐天地、乐生活。
3. 规则是生活的基本原则，坚持良好的习惯与坚守底线。
4. 读书是生活的精神食粮。清静读书时，精神好去处。
5. 钻研是生活的不懈追求，活着有所支撑。
6. 信息是生活的呈现方式，视频、影视、文本尽在其中。
7. 书写是生活的自我表达，总结与创作。
8. 导师是生活的达成标志，直击教育现场。

有一天，我来到一个偏僻的小村庄，这里有一所民办学校，教学质量目前还不高，学生生源状况也一般，当时我就在想，在这里教书育人如何度过一个个白天和黑夜？于是，我就想教育走向生活，远离城市浮华之后教育与生活的真正和谐构建问题。

教育走向生活，就是“见微知著”的哲学操守。微观是对人生的映射，微言、微行、微题、微法、微思都代表人的存在。教师，请证明你自己。对于这个祈使句，不同的人有不同的回答。

每一堂课都是教师的作品，每个人都是一本书。为教育而来，创造生活，人生从此扎根；为教育而留，书写教育，看得见的时光；为教育而去，表达人生，只为情怀。一生写一本书，形成自己的教育遗产。岁月无声，教育有痕，这是教师的意义。

教师要秉承三大原则：一是学思结合，《大学》言：“大学之教，始于学。”教师读书可以参考国学类、教育类、哲学类、学科类、技术类、管理类、经济类等书籍。《论语》言：“学而不思则罔，思而不学则殆。”三思而行，思想、思路、思维是思考的不同表达。二是教学同步，《学记》言：“教学相长。”教学以学生为本，全面发展、个性发展、因材施教、循序渐进。课程整合是教师个人才华的表现。教学讲究艺术，注重问题与情境，培养阅读与思考。教育不乏案例，总结提炼人性闪光的智慧。教学相长是教育的潜在规律。三是知行合一，《传习录》言：“知行合一。”坚持教育与生活的统一，坚持发生与发现的统一，坚持境界与水平的统一，坚持为人与为学的统一，坚持勤奋与智慧的统一，教育是坚持的力量。

21世纪的中国，物质时代向精神时代迈进，教育因此也自然会发生微观转变，也就是由勤奋型向智慧型转变。学校也将由勤奋点向智慧点发生改变：上课由教学向思维迁移，解题由文本向方法迁移，生活方式由行动向思想迁移，工作方式由事向人迁移，为人由务实向创新迁移，为学由知识向艺术迁移，需求由身体向心灵迁移，思维由点向线迁移。学校管理践行“以人为本”的原则，请多从教师的成人与学生的成才两方面考虑问题。教师的解放权等于学生的解放权。当上学变成了上课，学习变成了做题，学校也就只有上课和解题两件事可做了，这是对人性的压抑。上课问题由突破课堂改革入手，解题问题由突破题海战术入手。解决的根本症结应紧紧抓住两点：一是课堂绝非说教，要找到快乐；二是知识绝非堆砌，要找到方法。从身心两个维度思考问题，教育才是真正有灵魂的教育。学校是正能量的发生地，学校要将消极的心态转向积极的心态，着力实践磁场效应、私人定制、社团活动、轨迹追踪、榜样力量、分层教学、学法指导、情感滋润等举措。学校的工作容易走入赶场式循环，往往做得比说得好，说得比写得好。如果每一件事都能够倒过来进行，做事会更有条理，做人会更有价值。

学生　老师，通过与您沟通，我发现教师真的很辛苦，您与我谈的这些，需要多少岁月与心思的沉淀呀，您太累了！

教师　“痛并快乐着”。所以我在教学中逐渐形成了自己的静心课，追求身纯净，追求心宁静。

读书、下围棋、打网球、游泳、睡觉、听音乐、看电影、旅游、写作、访亲友……岁月无声却有痕。心静下来，你会发现不一样的人生轨迹。请记住：解铃还需系铃人，自己的人生自己做主！

学生　教师的幸福是什么？您是如何对待自己的教育生命的？

教师　我将我的教育生命分为三大模块：教育篇、生活篇、时光篇。正好我近日写了一篇近三年的自我总结，你仔细观察一下作为一名教师的人生轨迹，或许对你的人生有所帮助，或许对你的学校生活有所启发，我深刻剖析自己的同时也是为你做了一个榜样，由衷地希望你成长快乐、学习进步、人生幸福！

教育篇

1.理解教育：读书与思考

创新教育

教师是从学生时代过来的，当年的教师带给学生的影响对如今的教育产生多少作用，比较起来，传统与创新的分析就会更明显。基于学生的经验，一方面来源于学生时代的模板，一方面来源于身边的学习。反思教育轨迹，二十年都没改变的教育事实大大存在，这一定是创新力不够的表现。教育并未跟得上时代，教师与学生的代沟一定存在，师道之尊有时成了阻碍学生迈向新时代的阻力，因为教师没有改变思维与定式。时代呼唤创新人才，教师首先必须突破当年学生的局限，一代更比一代优秀的加速度决定了创新力的发展。如果教师可预见十年乃至二十后自己的模样与如今没什么两样，那样的生活就是重复昨天的故事。

智慧未来

从个人的角度来看，一个自信的人必然有可以追溯的成长路径。《资治通鉴》有言："夫聪察强毅之谓才，正直中和之谓德。才者，德之资也；德者，才之帅也。"坚守正道即守住德，坚持学习即守住才，因为优秀必然是德才兼备，所以自信就是涵养的特征。

从学校的角度看，学校需要治理。学校治理的前提是让人解放，让学问成为风气。学校治理的目标是让学生成才，让教师成人。学校治理的办法是还学生自主权，还教师自由权，还课堂开放权，还思想表达权，还学校专业权。

一切物体在不受外力作用的状态下总是处于静止状态或匀速直线运动状态。现实沉默的总是大多数，每个人都存在"V_0"（初速度）。唤醒学习的休眠状态，让学习发生。开始寻找"t"（时间），从而产生学习的惯性，行动意味着"a"（加速度）。终生学习即是"$s=v_0+at$"。终身学习即是一个有力量的人，"$F=ma$"。学习积聚能量（$W=F\cdot S$）。全面构建行的逻辑、品的境界、知的思维。寻找一个支点，创造一个奇迹，这就是智慧的力量。

从时代的角度来看，面向新时代的教育，教师要发生三个转变：一是由物质向精神转变，二是由管理向教学转变，三是由勤奋向智慧转变。

心境

关注教师的心灵世界，身心健康是生命的第一要义。教师倾注教育，谁来关注教师？

心境因时而论，心境因地而生，心境因人而异。每一日、每一月、每一年的心境是不同的，现实的世界最终投影到理想的世界，心境是灵魂世界的旋律。

朱自清的三篇文章可以解读对日、月、年的感受。

《荷塘月色》表达了宁静与美好的心境。

“曲曲折折的荷塘上面，弥望的是田田的叶子。叶子出水很高，像亭亭的舞女的裙。层层的叶子中间，零星地点缀着些白花，有袅娜地开着的，有羞涩地打着朵儿的；正如一粒粒的明珠，又如碧天里的星星，又如刚出浴的美人。微风过处，送来缕缕清香，仿佛远处高楼上渺茫的歌声似的。这时候叶子与花也有一丝的颤动，像闪电般，霎时传过荷塘的那边去了。叶子本是肩并肩密密地挨着，这便宛然有了一道凝碧的波痕。叶子底下是脉脉的流水，遮住了，不能见一些颜色；而叶子却更见风致了。”

叶子、白花、清香、流水构成了月下的荷塘。

“月光如流水一般，静静地泻在这一片叶子和花上。薄薄的青雾浮起在荷塘里。叶子和花仿佛在牛乳中洗过一样；又像笼着轻纱的梦。虽然是满月，天上却有一层淡淡的云，所以不能朗照；但我以为这恰是到了好处——酣眠固不可少，小睡也别有风味的。月光是隔了树照过来的，高处丛生的灌木，落下参差的斑驳的黑影，峭楞楞如鬼一般；弯弯的杨柳的稀疏的倩影，却又像是画在荷叶上。塘中的月色并不均匀；但光与影有着和谐的旋律，如梵婀玲上奏着的名曲。”

月光、青雾、叶子和花、满月、淡云、树影构成了荷塘上的月色。

当我们走入荷塘与月色共舞，没有其他人的影响，环境成了影响心境的主要因素。世界是自己的世界，荷塘月色给了我们一种宁静，环境的传染作用自然发挥到了极致，心情也会变得美好。远离城市的喧嚣，唤回我们的听觉、视觉、味觉、感觉，甚至听见自己的心声，荷塘月色为我们编织了一个充满希望的梦。

建议每天除了在太阳下奔波，也要在月色中寻找安宁。

《匆匆》表达了惆怅与忧伤的心境。

“燕子去了，有再来的时候；杨柳枯了，有再青的时候；桃花谢了，有再开的时候。”春去总会又回来，可是我们的日子为什么一去不复返了呢？自然界万物生长，却留不住时间的脚步，这不禁让人想起宇宙大爆炸的说法，果真如此，地球也是一个大循环的演绎，可是人类自身呢？一直也有生命轮回之说，也一直有精神存在之说。科学性我们无法确认，毕竟自然界的谜语太多了，我们是不是应该这样想，相比其他生命，人类已经统治了地球，还要奢求什么，好好珍惜并寻找短暂中的永恒，而不是永恒中的短暂。

“去的尽管去了，来的尽管来着；去来的中间，又怎样地匆匆呢？”每一个月的生活总是那样的相似，衣、食、住、行、人、事，琐碎不堪，匆匆就混在其中。为此，我们需要重构我们的生活，将理想主义、实用主义、极简主义协调统一，让生活简单而充实并且真正有意义。

“在逃去如飞的日子里，在千门万户的世界里的我能做些什么呢？只有徘徊罢了，只有匆匆罢了；在八千多日的匆匆里，除徘徊外，又剩些什么呢？过去的日子如轻烟，被微风吹散了，如薄雾，被初阳蒸融了；我留着些什么痕迹呢？我何曾留着像游丝样的痕迹呢？我赤裸裸来到这世界，转眼间也将赤裸裸的回去罢？但不能平的，为什么偏要白白走这一遭啊？”生命中的每一个阶段都有不同的感受、感想、感慨，或许这才是生命的真正含义。既然走过生命的长河，我们还真得从生命的原点处寻找真正的源头，“岁月无声却有痕”应该成为我们的座右铭。

建议每月要总结自己的工作、生活、学习。

《春》表达了欣喜与希望的心境。

“盼望着，盼望着，东风来了，春天的脚步近了。”春天是心中的渴望，我们仿佛有感觉。小草偷偷地从土里钻出来，桃树、杏树、梨树开满了花赶趟儿。蜜蜂、蝴蝶、野花争先恐后。春风送暖，鸟语花香。流水人家，牧笛唱晚。烟雨蓑笠，水墨农庄。

风筝飞上天空，伴随着的还有希望。

“春天像刚落地的娃娃，从头到脚都是新的，它生长着。春天像小姑娘，花枝招展的，笑着，走着。春天像健壮的青年，有铁一般的胳膊和腰脚，他领着我们上前去。”春天是生命，春天是生机，春天是力量，自然界为之焕然一新。

建议每年要放飞希望，播种希望，呵护希望。

朱自清生活的年代，奔波劳苦，加之自己家庭多子女，年纪轻轻时就担起了家庭的重担，对自己的人生自然有很多期盼，可时代与岁月的束缚又如何让一个文人如此洒脱？尽管如此，朱自清的文章依然纯净，不同常人，清新怡人，深感动人，仿佛置身于文字的盛宴之中。

品读朱自清的散文，从荷塘中寻找宁静，从匆匆中寻找欢乐，从春天中收获希望。心境由此而生。

2. 观察学校：共性与个性

教育视角

生命不是走马观花式的过眼烟云，生命是扪心自问式的感悟时光。

一般人看教育，先看自己学校，然后看当地学校，最后看国内学校。学习与思考的多是行动，总想将好的东西一下子学来。教学讲究因材施教，教育讲究因地制宜。正确的教育视角应该是“古、今、中、外”的综合史观。

教育，不同的视角有不同的解读。教育内人士看教育有深意，“横看成岭侧成峰，远近高低各不同”；教育外人士看教育有远意，“不识庐山真面目，只缘身在此山中”。无论内外，最终的感悟是：“等闲识得东风面，万紫千红总是春。”看什么都是教育。

教育哲学

教育者的轨迹：读书育人—找到存在—实现自我—思考意义—重构生活—教育情怀。

我的教育哲学是“看得见的时光”。

电影《时光情书》带给教师的启发就是“三生有幸”。

①幸事。陪伴时光，“照顾一个东西，看着它慢慢长大”——亲情内涵。

②幸福。快乐时光，“我希望你能够每天过得开心”——友情内涵。

③幸运。难忘时，“我很高兴能够认识你”——爱情内涵。

一位母亲早年丧偶后，被迫独力抚养自己的儿子坦。维持她生活并给予她力量的生前丈夫写下的时光情书，她也在其去世后为他而写时光情书，特别是在生活最艰难的时刻。在此期间，母亲得到了一个爱上她很久的人的帮忙。坦被期望成为像他父亲那样的人，但实际上，坦希望远离他觉得范围狭小的母亲的世界。当坦遇到了琼，他的梦想就要成真了，却在青春的冲动下不知所措，茫然失去了方向。琼有着自由精神，知道自己想要什么样的生活。最终琼使坦认识到自己生命中的缺失，可惜坦却在旅行中为了救人而失去了年轻的生命。失去了才知道珍惜，失去了才知道美好，失去了才知道正道，可时光又怎会为你而停留呢？

教育也是如此。珍惜幸事，享受幸福；感恩幸运，三生有幸！

底线原则

教育要有底线原则。所谓底线，就是人生的红线。对于一个人来说，坚守底线主要靠良知，不同时代的发展情况不一致，良知也不尽相同，但是突破底线的情况时有发生，促进良知的培育需要理念的改革与行动的呵护。对于社会来说，坚守底线主要靠法律，法律与时代同步，法律与改革同步。由此产生了底线与改革的冲突问题，而大多数人更关注改革的底线标准，认为限制过多，束缚过紧，我却认为，与其讨论改革的标准不如反观自己的轨迹。改革的红线在哪里一定会有定位，但我们的脚步到了哪里更值得关注。改革一定会有尺度，改革一定会循序渐进，唯有如此才能跟得上步伐，人心才会与人力适应。大踏步地前进往往操之过急，留下改革的阴影。既然如此，我们将目光放到行动上，一点点靠近改革的红线，当我们这样做的时候，接近红线之时，改革的底线也随之变化。改革的红线犹如前进的灯塔，不要过多责备红线的尺度，做好我们自己的实事，这是工作的务实作风。

3. 反思课堂：教学与管理

课堂思考

教师的课堂，基于先验的知识，伴随体验的过程，形成经验的积累，达成检验的效果。课堂的主导是教师，作为职业，教师具有技术化的特点；作为事业，教师具有艺术化的特点。如何构建教师的教育生命，让教师的奉献达到灵魂的高度？突破技术层面，追求艺术效果，这是教师实现自我价值的切入点。知识的背后是学习，学习的背后是思维，思维的背后是学生，学生的背后是能力。在知识形成能力的过程中，针对不同知识如何学习？针对不同学习如何思维？针对不同思维如何关注学生？针对不同学生如何因材施教？这一系列问题的背后就是包括检索能力、类比能力、迁移能力、想象能力等综合性实践能力的培养。问题是课堂的主线。传统的课堂多由教师提出问题，学生与教师共同分析问题，最后再解决问题，围绕问题而设计。解决问题，至少教师应将问题发散，给学生一个充满想象放任自由的天地，不要让学生有画地为牢的感觉。分析问题与解决问题要根据具体情况，或求助于文本及信息资源采取自学方式，或与同学共同协商解决，或在教师的点拨下实现问题解决。突破形式，灵活地解决问题才是生动的课堂、互动的课堂、灵动的课堂。课堂是动态的，主要体现在学生身心健康的和谐度是否令人满意。

课堂相对论——环境、结构、角色、形式、内容、时空、视角、思维、逻辑、境界的突破。就问题而言，提出问题、分析问题、解决问题是问题发展的不同阶段。提出问题注重探索与发现——思维的创造与演变；分析问题注重思想与方法——逻辑的构建与路径；解决问题注重生活与艺术——境界的提升与拓展。学习就是文化的传承。文化是文字与符号表达世界的形式，捕捉世界的那一刻，定格在时间的凝固点，尽显思维之美。

教育三伪

教育存在伪科学。行为表现体现“作秀”的成分，规范严格，标准一致。学生的行为犹如产品的流程设计，答案往往不用思考也能知道。作秀犹如画地为牢，学生不能真正做到无拘无束。思想表现体现“煽情”的成分，情境渲染，辞藻浮华，偏失理性。学生的情绪犹如干草被点燃一样，一发不可收拾。情绪是一种过度的宣泄，这样的活动导致学生身心的疲惫，长此以往，学生的热情必然会消失殆尽，意志也会逐步消沉。品质表现体现“注血”的成分，名人效应，轰动效应，能动效应。学生接受的总是优点、个案、成功的事实，好像每个人都是时代的骄子，一定会创造历史，拜金主义与英雄主义渗透其中，而忽略了一个人的真实。教育不是让每一个学生都成为地位上的独一无二，而是让每一个学生都成为灵魂的独一无二。

双重人格

社会上各行各业的好多人，他们身上反映出双重人格，大概缘于受职业的影响，受社会规则的限制，不得已而为之。教师身上也同样有双重人格。相比社会，学校应当更纯净，关系应当更简单。教师是灵魂的指路人，双重人格本应不明显。事实上，当下许多学校的治理远远不够，行政色彩浓厚，将学校办成了一个小社会，各种圈子及套路让学校不能焕发文化的张力，看似平静，其实教师与学生都不能得到个性的解放，文化气息犹如一潭死水。教师的双重人格必然导致人格分裂，教师的发展一定会出现问题，同时对学生定会产生不好的影响。针对此种现象，学校一定要建立“知行合一”的人才观，不仅关注学生，更要关注教师；不仅要求教师本人关注并反思自己，更要求学生及学校都关注每一名教师的双重人格。学校要建立“知识本位”的价值观，让学问之风成为学校的主流文化。由此分析，我们渴望学校的天空散发学术的气息，尊重人才，敬畏学习。大家都能平等坦诚地交流学习，将学习当成快乐的人生幸事，学校也一定会成为一个人一生的精神家园。

生活篇

1.学思结合

想象教育

教师要敢于想象。想象问题的切入点，想象变化的生长点，想象原理的辩证法，想象情境的体验性，想象科学的批判性，想象知识的逻辑性，想象角色的参与性，想象未来的可能性。如此坚持，日积月累，教师的工作自然就会产生创造性的惊喜和前瞻性的质变。稳定似乎成了教师职业的优点，其实这是很可悲的事情。教师往往身在其中，自娱自乐，甚至达到连想都不想的局面，那样，教师又如何以身示范地教育学生追逐梦想。在环境稳定的基础上追求思想的不稳定，敢于想象，突破定式，做一个有思想的人，教育才会产生别样的精彩。

灵魂三部曲

追问灵魂，将人世间的亲情、友情、爱情一网打尽，不断地追问，追问生命存在与意义的内涵。

处在生活的三岔口，每个人都会茫然，在选择的同时折射出人的态度、情感、价值，分别体现在行、品、知三个维度上，是放弃还是执着下去？放弃有时是错过，有时是智慧；执着有时是偏执，有时是勇气。是伤心还是微笑？希望中有失望，伤痛中有微笑。是为自己还是为他人？有时为自己也是为他人，有时为他人也是为自己。

灵魂三部曲，让我们进行一次灵魂的迁徙，冲破理想与现实的距离，倾听自己内心的声音。

《追风筝的人》——指向过去的故事，是生涯的范例。

阿米尔与哈桑的风筝串起了二人的童年世界。

“许多年过去了，人们说陈年旧事可以被埋葬，然而我终于明白这是错的，因为往事会自行爬上来。回首前尘，我意识到在过去的二十六年里，自己始终在窥视着那荒芜的小径。”这是阿米尔内心的独白。十二岁的阿富汗富家少爷阿米尔与仆人哈桑情同手足。然而，在一场风筝比赛后，发生了一件痛苦不堪的事，阿米尔为自己的懦弱感到自责和痛苦，逼走了哈桑，不久，自己也跟随父亲逃往美国。成年后的阿米尔始终无法原谅自己当年对哈桑的背叛。为了赎罪，阿米尔再度踏上久违二十多年的故乡，希望能为不幸的好友尽一点心力，但他却发现了一个惊天谎言，哈桑是自己同父异母的弟弟。儿时的噩梦再度重演，阿米尔该如何抉择？他勇敢地选择与儿时的天敌阿塞夫争夺哈桑的儿子，最终将哈桑的儿子带回美国抚养。

残忍而又美丽的故事勾勒出人性的本质与救赎，令人荡气回肠。故事串联了一个家庭几代人因贫穷和战争铸成的六十年的悲欢离合。

“为你，千千万万遍。”是哈桑儿时为阿米尔许下的诺言。

追风筝的人是灵魂的液态，灵魂在“流”，流淌着清晰的理想与浑浊的现实。

《偷影子的人》——指向现在的故事，是生活的范例。

吕克与克蕾儿的风筝串起了二人的童年世界。

吕克是受班上同学欺负的瘦弱小男孩儿，因为拥有一种特殊能力——他能“偷别人的影子”，因而能看见他人的心事，能够听见人们心中不愿意说出口的秘密。利用这个特异功能，吕克开始成为需要帮助者的心灵伙伴，为每个偷来的影子找到点亮生命的光芒。

“你偷走了我的影子，不论你在哪里，我都会一直想着你。”克蕾儿对吕克这样表白。最终吕克发现内心真实的呼唤，他的克蕾儿一直都在，风筝是最好的见证，只不过，日子久了，我们被现实遮蔽了双眼，特别是心灵上有了浮尘，生活就变得不真实。正如影子，它一直都在，但有谁会在意为了影子而考虑将来呢，可能就是因为影子不可能离开的原因吧。

偷影子的人是灵魂的固态，灵魂在“走”，牵挂着浅浅的时光与深深的思念。

《摆渡人》——指向未来的故事，是生命的范例。

单亲女孩儿迪伦，十五岁的世界一片狼藉：与母亲总是无话可说，在学校里经常受到同学们的捉弄，谈得来的好友也因为转学而离开她了。这一切都让迪伦感到无比痛苦。她决定去看望久未谋面的父亲，然而，路上突发交通事故。等她拼命爬出火车残骸之后，却惊恐地发现，自己是唯一的幸存者，而眼前，竟是一片荒原。此时，迪伦看到不远处的山坡上一个男孩儿的身影。男孩儿将她带离了事故现场。但是，迪伦很快意识到，男孩儿并不是偶然出现的路人，他似乎是特意在此等候她。命运，从他们相遇的那刻开始，便发生了无法预料的转变，迪伦恰恰是唯一的去世者。男孩儿是她灵魂的摆渡人，为每个人定制的摆渡人，为灵魂存在而历尽艰难。

“如果我真的存在，那也是因为你需要我。”摆渡人这样自我解脱，迪伦因此爱上了摆渡人，重返荒原寻找摆渡人。二人最终穿越时空，回到现实的世界，让摆渡人成为自己命运的主人。

大家追求理想，却活不出理想，因为现实的羁绊，每个人的伤痕与伤痛最终都让人伤心。你有怎样的心像，现实与理想之间就会有怎样的荒原。

摆渡人是灵魂的气态，灵魂在“飞”，飘洒着淡淡的忧伤与浓浓的情爱。

《追风筝的人》《偷影子的人》《摆渡人》分别是美国、法国、英国的文学作品，代表了欧美世界的人性思考与价值追求。关于灵魂的追问，我们从中可见一斑。灵魂三部曲，这是我自己对三部作品的统称，它们配得上这个统称。我这样认为，并且从中深受感染，让我的世界也做了一次深刻的洗礼。

借用三个经典台词，我特别期待教育也如此对话——

教师说：“为你，千千万万遍。”

学生说：“你偷走了我的影子，不论你在哪里，我都会一直想着你。”

教师说：“如果我真的存在，那也是因为你需要我。”

2．教学同步

学习方式

自学是自主学习的简称，指学习者指向学习目标的一种系统整合过程，是学习者学力的体现，是学习者主观能动性的体现。自主学习是学习者在认知、动机、习惯、方式、兴趣、信息、技术、环境、需要的基础上融合资源，聚焦目标进行自我调控与提高的学习方式。自学是预见力、执行力、反思力的合力。互学是合作学习的简称，指数名学习者指向学习目标的一种系统生成过程，是学习者沟通能力的体现，是学习者自我实现的体现。合作学习是学习者在不同对象、不同认知的基础上交流分享，不断引起个人共鸣，不断修正个人观点，最终达成学习目标的磨合过程。互学是领导力、创造力、反思力的合力。共学是探究学习的简称，指学习者在指向学习目标的一种系统发现过程，是学习者提高认知的体现，是学习者提升境界的体现。探究学习是学习者在教师的点拨下循序渐进地深入思考的过程。共学是检索力、逻辑力、反思力的合力。无论自学、互学、共学，反思力必不可少，学思结合是教学的基本原则。

自学立足于文本学习，采取综合与分析的策略，学会提问。文本学习有形式说，源于形式而突破形式；互学立足于问题学习，采取特殊与一般的策略，学会批判。问题学习有导学说，源于问题而发散思维；共学立足于主题学习，采取整体与局部的策略，学会应用。主题学习有流程说，源于系统而开放流程。

生物与生物之间的关系：捕食关系，如七星瓢虫捕食蚜虫；竞争关系，如稻田里的杂草与水稻；合作关系，蚂蚁与蜜蜂；共生关系：珊瑚虫与藻类；寄生关系，人与蛔虫。五种关系对教育的启发：适者生存向创造进化转变，目标实现向价值回归转变，合作共赢向深度学习转变，平等尊重向个性突破转变，呵护成长向自我实现转变。

教学设计

学习离不开设计，围绕目标而设计的“目标—达成—评价”模式要求自学成分多，围绕主题而设计的“主题—探究—表达”模式要求共学的成分多。学习是动态的参与和体验，分与合、学与思、讲与练、动与静始终处于相对状态，充满辩证关系。好的教育是变化的平衡，时时给学生惊喜，时时让学生快乐。学习最终是生活的调味剂，是生命的必需品，是生涯的催化剂，仅此而已，绝对不能反其意而为。生活为了学习，生命为了学习，生涯为了学习，学习便成了任务。人生因为学习而受累，学习成了负担，最终学习会成为人类的枷锁。

3. 知行合一

功利主义

现代教育的功利主义是伴随工业文明的需求而产生的，功利的表现是从行方面忽略过程，只重结果；从知方面忽略思维，只重积累；从品方面忽略自我，只重忙从。摆脱功利主义教育需要教育人重新定位自己的教学，将自己的教学再往前追溯求其本源，再往后追溯求其未来，这是时间观念，穿越古今。摆脱功利主义教育需要重新反思自己的教学，将自己的教学再往里挖掘求其内涵，再往外思考求其外延，这是空间观念，透视中外。无论时间与空间，古今与中外，省察不可避免，否则教育就犹如坐井观天，有失偏颇。

大爱无疆

教师必须怀有一颗尊重之心、敬畏之心。所谓尊重，这是教师的行为表达，对他人的尊重之心不仅是对他人的关心与爱，而且还有智慧的启迪。在一些人眼中，教师成了前者的模样，好像慈母一样；在一些人眼中，教师成了嫉妒的对象，因此，安身立命成了教师的保守选择。墨守成规，无人可挑；突破传统，千夫所指。教师必须明白，无论别人怎样说，你要坚持做下去。教育是面向未来的，时间总会证明你的坚守，坚持更是教师对自己的尊重。所谓敬畏，这是教师的涵养表达，不仅对知识研究，而且对学习悟道；不仅对人尊重，而且对社会尽责。教师是大爱践行者，大爱无疆，教师要对“大”与“疆”做出自己的诠释。

于是《爱的教育》风靡世界，《智的教育》也应运而生。

时光篇

1. 证明自己

阅读是人生最好的积淀，写作是人生最好的沉淀。

教师要读懂信息的世界，检索知识以创作自己的专业论著；教师要读懂学生的课程，设计单元，归纳主题，横向与纵向结合整合课程体系；教师要读懂课堂，深入教学现场，开展课例研究；教师要读懂学生，把握教育规律，透析教育意义，书写教育故事。专业论著、课程体系、课例研究、教育故事是教师的最好证明。

我是这样做的——

专业论著：教育三部曲《人生从此扎根》《看得见的时光》《只为情怀》。

课程体系：行、品、知。

课例研究：课堂随笔、教育哲学。

教育故事：

（1）工作调整案例。1999年从初中直接调到高中担任班主任，伤了一批孩子的心，错过成为一生的难过。有时，宁愿没有发生也比匆匆经历强，天边绚丽的彩虹虽然短暂也会激起人们无限的联想。

（2）状元诞生案例。担任课任老师期间，2002年考入北大的苗蕊、2014年考入上海交通大学的麻磊获当年赤峰市高考数学状元（自治区未统计）。担任班主任期间，2005年考入北大的袁佳奇获当年赤峰市高考数学状元（自治区未统计），2005年考入清华大学的张力乔获赤峰市高考理科状元。担任年级主任期间，2014年考入香港中文大学的杨玉婷获赤峰市高考文科状元，2014年考入北京大学的邱丽颖获自治区高考理科状元。

或许我与状元有缘分，我参与培养的状元为我头二十年教学生涯画上了一个圆满句号。从2015年我被调到市教育局参与普通高中管理，赤峰市连续三年送出内蒙古自治区理科状元。或许更是运气，记得2013年，我的两个妹妹在暑假中回老家探亲，一个在巴洛克地板抽奖中抽中头等奖（空调），一个在百柳超市抽奖中抽中头等奖（洗衣机），当时她俩都怀胎八九个月了，真让我不可思议。怀胎十月，一朝分娩；教育十载，一朝成名。二者都是生命的孕育，真可谓苦尽甘来。只不过，我们不要过分追求状元，我经历的状元都不是强求的，是偶然也是必然的。

（3）脸上留疤案例。2002届文科毕业班让我悟出一个道理，教育不是教师包办，你付出一切，如果学生不能理解或者不知道，教师的教育功能就远远达不到。教学相长没错，但教学同步更重要。文科班男生少，假期为了换洗班级窗帘，我亲自登上桌椅取窗帘，结果被铁丝扎破了脸，留下了一生的标记。

（4）学生称谓案例。从1999年的才哥到2008年的才叔，时光描绘了我的教学黄金时期。因为我的名字是张民才，从1999年元旦开始，学生自发统一称谓我这个教师为“才哥”，直到2008年学生统一改称“才叔”，开辟了全市学生称谓教师的先例。

（5）十年之约案例，2014年高考押中英语作文题。

2. 主题时光

我1994年至2014年从事一线教学工作，经历了教学一线的不同岗位，积累了丰富的经验。2015年，我参与教育局普通高中管理，我将我的工作集成文件夹《2015——我在局里的那一年》；

2016年，我提出了人生元年的概念，文件夹命名《2016——我45岁》；2017年，文件夹命名《2017——凤凰涅槃》；2018年我计划命名《2018——精进》；2019年我想命名《2019——简爱》；2020年我想命名《2020——归零》。每一个时光之年，我都要活出主题。珍惜时光，不仅从数量上珍惜，更要从质量上珍惜。

3.书写人生

针对过之三境，我书写了教育三部曲（《人生从此扎根》《看得见的时光》《只为情怀》）。针对人生三困（困难、困境、困苦），我创作《人生之困》。针对人生三为（行、品、知），我正在酝酿中。我坚信每一个人的人生都是一部传奇，不可复制，不可重复，书写是人生最好的表达。

（三）轨迹与境界

（生生对话录——学生与学生）

学生甲 正所谓："三人行，必有吾师焉。"我们三人探讨一下轨迹与境界的问题。

学生乙 互相学习，互相促进。

学生丙 先谈轨迹，再说境界。

学生甲 所谓轨迹，看东坡；所谓境界，看情怀。所谓轨迹，看长征；所谓境界，看精神。轨迹与境界，是岁月的表达，是时间的跋涉。轨迹与境界，跨越时空，寻求灵魂的飘逸。时间具备三个属性：一是均匀性。不快也不慢，生命的长度在于知，一秒一秒地过，该来的迟早会来的，享受当下是最好的抉择。二是公平性。不偏也不倚，生活的宽度在于行，不要怨天尤人，爱护自己，知道该做什么。三是一次性。不重也不漏，生涯的高度在于品。人生是用来欣赏的，不是用来浪费的。做到什么样就是什么样，凡事不可能有第二次。

就说我们身边的事吧。

教育，且行且思，走过的是岁月，留下的是思想；教学，亲历亲为，做过的是经验，存下的是智慧。

学校教育的轨迹是有迹可循的。学校始终双线并行，教育的本质是灵魂的追问与人性的解放。学校践行教学与管理，课堂践行问题的创设与生成，思考关注大视野与微观察，教育哲学围绕发生与发现。教育的故事每天都在发生，教育者所做的事业就在于每天发现：故事的时间——时时皆青春；故事的地点——处处皆课堂；故事的人物——人人皆生命；故事的事件——事事皆学问；故事的主题——行·品·知。学校的舞台是课堂，课堂明线是背景材料与问题抛掷，课堂暗线是合作探究与知识归纳。反思教学，去除虚伪，教学的流程贯穿课堂始终。教学重心发生了改变：吸收向消化过渡，结果向过程过渡，预设向生成过渡，学会向会学过渡，办好一所学校就是积极寻找学校突围转型之路的过程。学校由规范转向示范，拓展品牌建设，培养名片工程，提炼理念，突出主题，发现榜样，办出特色；学校由物质转向精神，探究职业倦怠的精神园地，守住教育的栖息地，学校文化先有引领，后有培育，还要有彰显；学校由研究转向学术，高考研究、学生成长、课堂观察、学科视野等领域的持续深化推进要以项目为攻坚工程；学校由平台搭建转向团队合作，让好的平台吸引、凝聚优秀人才，内部交流促合作，外部交流促发展，每个人都渴望舞台，利用一切可以利用的平台为教师充电；学校由读书鉴人转向思考人生，师师读、师生读、生生读，一本书联结许多人的思想火花，每个人读出自己的过去、现在和未来；学校由共性转向个性，发现学生榜样与教师典范，帮助学生学业进步，影响学生身心发展；学校由学习转向学生，以人为本，从人的成长规律的角度分析学习状况，教学才会有的放矢、因材施教；学校由分力转向合力，学校管理指向人的成长与发展，顶层设计直达一线，让服务意识落实到学校各个环节。物有本末，事有始终，这是办学的科学规律。

学生乙　学生甲，你是不是假学生？

学生丙　认识深刻，假学生，真老师。

学生甲　我们谈了这么多关于轨迹的话题，别忘了我们的任务是做一个关于“花+时光=品格”的课题，我认为这个课题正好契合轨迹之说。

学生乙　那赶快把课题研究一下吧，从哪里入手呢？

学生丙　性格！所谓性格，即人的脾气秉性，反映人的喜怒哀乐和善恶等言行。人的性格，随着后天的家庭伦理、社会环境、教育程度、民族信仰等的影响而有所变化。我们将性格分析上升到品格的高度，提炼出十二个案例。每一个案例找到一种象征的花，十二代表一年的时光，从花之语到人性美，寻找生命的轨迹。

学生乙 好主意！有创意！

学生甲 那还等什么？抓紧研究吧。

学生丙 我把案例展示给大家。

案例一：冰清玉洁，坚韧不拔

精通天文，学问丰富，有预知未来的能力，非常聪慧且极富理性。重视知识，喜欢思索，是个能忠于自己信念、理想的知识分子。天生反应快，有很强的自由力和创造力，以及重视理论，有优秀的推理力及创新的改革力。遇到一展所长的机会，就能受到赏识。在社交方面，喜欢结交志同道合的朋友，富有友爱精神；在个人方面，非常尊重个人自由及强调平等，富有独立精神。

容易相处，工作努力，生活非常节省，时而缄默寡言，时而率性冲动，不过控制力强，因而也受欢迎。天性乖巧，勤劳而且注重积存，没有衣食之忧。慎重、老实、坦率、开朗，无论在多么险峻的环境中也不会意志低沉。积极进取，有顽强的生存才能、灵敏机变的顺应才能，百折不挠，默默奋斗，为事业、为家庭，不达目的决不罢休。

花语解读：梅花

梅花又名一枝春、花魁、状元花。梅花是我们中华民族的精神象征，被誉为“花中之魁”，具有强大而普遍的感染力和推动力。梅花秀雅不凡，冰心玉质，古香自异，象征坚韧不拔、不屈不挠、奋勇当先、自强不息的精神品质。别的花都是春天才开，它却不一样，愈是寒冷，愈是风欺雪压，花开得愈精神、愈秀丽。冰枝嫩绿，疏影清雅，花美色丽，幽香宜人，凌霜傲雪，迎寒飘香，铁骨冰心，奋力开拓。

山园小梅　林逋

众芳摇落独暄妍，占尽风情向小园。

疏影横斜水清浅，暗香浮动月黄昏。

霜禽欲下先偷眼，粉蝶如知合断魂。

幸有微吟可相狎，不须檀板共金樽。

案例二：悲天悯人，勤奋踏实

有丰富的想象力和宽容之心，性情温驯，喜欢沉湎于梦幻的世界里。有水一般的高度适应力，感情丰富，而且有正义感，洞察力强，但容易被外界人、事、物所左右，行为思考模式非常善变，习惯以自己的想法来从事，欠缺理性的判断。是极感性的人，容易被看到的现象所感动。个性温和善良，有梦幻的心思和神秘性，不会加害他人，有很好的慈悲心肠。存在两种极端的个性，精神方面与肉体方面的共存，就像爱与恨共存一样，在这种纠葛难解的感情相互交错下，心绪也就变得复杂难懂。

义务感强，勤奋踏实，工作中很受上司的赞扬和信任。即使工作艰难，也会执着前进，坚持到底，大器晚成。不肯也不善于把本人的心情坦白地表达，所以旁人也很难了解他。优点是稳重、勤奋、富于创意、留意实践；缺点是缺乏通融性。注重传统观念，自尊心强，不愿接受朋友的忠告，容易固执己见、独断专行。对依赖本人的人照顾得相当周到，希望与情投意合的朋友一同行动。

花语解读：牡丹

牡丹又名富贵花。观赏部位主要是花朵，其花雍容华贵、富丽堂皇，素有“国色天香”“花中之王”的美称。在人们的心目中，牡丹是美的化身、纯洁与爱情的象征。寓意国尊繁荣昌盛，家重富贵平安，人喜幸福吉祥。

赏牡丹 刘禹锡

庭前芍药妖无格，池上芙蕖净少情。

惟有牡丹真国色，花开时节动京城。

案例三：正义担当，乐观进取

有独立自主的品格，精力充沛，斗志高昂，个性坦荡率直，勇于接受各种挑战，具有像火一般的强烈热情，能够点燃希望并且相信成功，是一种随时都处于行动状态的人。做事积极主动，颇具雄心，更喜欢居于领导地位。凭着自我的判断来行事，通常讨厌在工作中受到别人的干扰或阻碍。相当自我，不管面对工作或生活，都有很强烈的自主性及自我主张，一旦遇到不愿接受的压力时，常会出现过于激烈的反应。缺乏耐心，容易生气，但其实本质是非常友善的，喜欢跟同事快乐地相处。勇敢、冒险、不吝啬，具有领导人物的气度，以及富有令众人惊讶的想法和主张，能积极进行各项行动，活泼爽朗，绝不优柔寡断。

独立和自尊心都极强，喜欢单独行动，遇有波折、阻力或失败时会当机立断，从头做起，直到胜利为止。喜欢与人争辩，从不认输。有强烈的正义感，十分厌恶拐弯抹角，憎恨不公，会极力为本人的想法申辩。对金钱并不特别感兴趣，不会被金钱所蒙蔽。

花语解读：菊花

菊花又名寿客、黄花、金蕊、帝女花、更生。菊花是多年生草本植物，式样繁多，品种复杂。

菊花　元稹

秋丛绕舍似陶家，遍绕篱边日渐斜。

不是花中偏爱菊，此花开尽更无花。

案例四：超凡脱俗，一丝不苟

重视感受超过理论，自我防卫本能很强，性情温和，值得信赖，但拥有忧郁的性格。一旦决定要做的事，都会充满斗志，迅速采取行动。看法富有建设性，更具备丰沛的生产力，能够以最便捷的方式达成目的。坚守信念，喜欢凭感觉去接触事物，只要自己认可，不管别人怎么说明理由，一概不接受。最大特点是绝对不撒谎，拒绝鱼目混珠的行为。虽然看起来很悠闲的样子，其实心中充满激情与战斗力。做任何事都会经过深思熟虑一番，不管做什么决定或采取什么行动，都要比别人多花些时间来慢慢思考。

温和，文静，彬彬有礼；潇洒，机敏，精细耐心；善良，纯朴，富有责任感。对工作兢兢业业，认真细致，一丝不苟，有高度的责任感和敬业精神。注重家庭，照顾亲人。对朋友礼尚往来，坦诚相待，言必行，行必果。对初次相识的人总是保持一定的警惕性，让时间来证明此人是否可以相交。最珍重少年时期的朋友，特别是同学中的好友，永远珍惜这种纯真的友谊。对爱情忠诚，不会轻易地爱上谁，也不会相信好色之徒的花言巧语，但如果感受到真诚的爱，看准了值得爱的人，就会专心致志为心爱的人献上一切。

花语解读：兰花

兰花又名王者香、国香、幽客。古人对中国兰情有独钟，中国兰在古代被称为“蕙”，“蕙”指中国兰花的中心“蕙心”，常与伞科类白芷合名为“蕙芷”，称芷兰为“王者之香”“众领群芳”“天下第一香”等。孔子曾说：“芷兰生幽谷，不以无人而不芳；君子修道立德，不为穷困而改节。”“与善人居，如入芷兰之室，久而不闻其香，即与之化矣。”

兰花　孙克弘

空谷有佳人，倏然抱幽独。

东风时拂之，香芬远弥馥。

案例五：卓越睿智，始终如一

兼备知性与活力，反应十分灵敏，在性格上偏向智能和具有丰富的学识修养，潜在的个性就像风一样拥有流动性的特质，思想行为上比较理性。由于非常重视对知识的追求，同时具备悲观与乐观的双重性格，是个能捕捉多种事物的思考家。

对做任何事情的要求及理想都很高，当决定好自己的目标后，就会朝着目标前进，绝不退缩，就算无法立刻达到目的，也不会轻易放弃。

拥有神秘、变幻莫测的特质，个性令人难以捉摸。属于富有野心的梦幻家，喜欢冒险，追求浪漫的生活。同时性情淡泊，不拘泥于世俗之见，对关心自己前途的事情定位精准，有着令人惊异的目标使命。浑身散发着健康的气息与无穷的精力，他们似乎永远不会感到疲惫。一心一意，勇往直前，不屈不挠的上进心往往为他们带来成就。作为理想主义者，事事都要求十全十美，因此无论对自己或别人都十分严格，甚至到了挑剔的程度。

花语解读：月季

月季又名月月红、长春花、四季、斗雪红。月季不但是中国传统名花，而且是中国的特产、世界著名花卉，世界各国广为栽培。月季，顾名思义，它是月月有花，四季盛开。热情如火，姿容优美，象征此花无日不春风的长期奉献的品格。

腊前月季　杨万里

只道花无十日红，此花无日不春风。
一尖已剥胭脂笔，四破犹包翡翠茸。
别有香超桃李外，更同梅斗雪霜中。
折来喜作新年看，忘却今晨是季冬。

案例六：热情奔放，有条不紊

有着温柔、体贴、散发母性的光辉。具有液体一样顺应环境的本性，对周围的感觉十分敏锐，而且预知能力很强，但带点情绪化和感性的特质，接受不了外来的环境变化，会为自己创造一个理想的生活蓝图。重视家庭观念，具有十分细腻而柔和的情绪，在沉默中能传达深刻的思想。在言语表达上，可以传递沉默时的想法。自我防卫本能很强，容易表现出对物质的欲望。

富有实力，是理想主义者的典型。对别人会心存感激，也会迷恋对方，可是却不会立即展开追求。独占欲非常强烈，力求克制自己的好奇心，并力求情绪稳定。外表淡漠冷静，内心十分热情。在新朋友面前，比较注意保护自己，但与朋友相交较深后，便会处处关怀对方。做事有计划、有目标，能够循序渐进地达到目的。凡所喜爱的人、事，必努力争取。善于利用空隙，有捷足先登的本领。上进心较强，使他们能获得一定的成就。

花语解读：杜鹃

杜鹃又名映山红、山石榴、山鹃等。杜鹃花为杜鹃花科，属常绿或半常绿灌木，是世界著名观赏花卉之一。繁花似锦，美丽可人。

杜鹃花　成彦雄

杜鹃花与鸟，怨艳两何赊。
疑是口中血，滴成枝上花。
一声寒食夜，数朵野僧家。
谢豹出不出，日迟迟又斜。

案例七：精力充沛，永不言弃

十分活跃且热衷于工作，做任何事情都非常自信与自满，理想很高。具有客观观察自己的能力，能仔细分析自己所扮演的角色。对世界充满了希望，相信本身的能力，才华横溢，不畏惧战斗且勇猛果决，喜欢在胜利与光荣的气氛中，享受成功带来的荣誉。拥有强烈的权威感及优越感，非常重视名誉与人缘，有强烈的领导欲望。为了使生命活得有意义，喜欢拥有戏剧般的人生，可以为荣誉付出一切代价。

永远要抢先一步，具有不肯服输的性格，凡事能激励自己积极奋斗。性格乐观而健谈，与他人相处融洽，朋友很多，常能得到朋友的帮助。心直口快，急于表达，自由行动，喜欢不受任何限制。有时候梦想远远超过他们的能力，当达到独立自由的状况时，他们却无法应付。

花语解读：茶花

茶花又名曼陀罗树、耐冬、晚山茶。茶花为山茶科山茶属，是常绿灌木或小乔木。花中娇客，四季常青，象征雪里看花到春晓的富丽堂皇的景象。

山茶　刘灏

凌寒强比松筠秀，吐艳空惊岁月非。
冰雪纷纭真性在，根株老大众园稀。

案例八：纯真高洁，独善其身

直觉力强，善于推测未来的演变。认真而朴实，拥有多愁善感的个性。具有像大地给人的信赖感，不会轻易被别人所影响，也不喜欢去影响别人的想法。拥有丰富的知识，对神秘的事物很感兴趣，做事一丝不苟，有强烈的批判精神。洞察力很强，是个崇尚高度理想的完美主义者。追求务实，讨厌虚伪，带点纯真，有点洁癖，喜欢观察各种事物。不论对任何事情都能全身心投入，好学、好奇及研究心旺盛。

为人正直、亲切，易被别人不幸经历所感染。脾气温顺，甚至有些羞怯。各方面都处于高潮期时，往往是风度优雅的艺术家或有创造性的人，而当他们处于事业及其他方面的低潮期时，则是一个忧伤多感甚至悲观厌世者。

花语解读：荷花

荷花，又名莲花、水芙蓉等。荷花属睡莲目、莲科，为多年生水生草本花卉。其出污泥而不染之品格恒为世人称颂。荷花寄寓了中国人对美和真的向往，其已深深地根植于中国人的精神文化中。

晓出净慈寺送林子方　杨万里

毕竟西湖六月中，风光不与四时同。

接天莲叶无穷碧，映日荷花别样红。

案例九：自由自在，执两用中

有很高的审美意识，对爱非常敏感，不但洞察能力强，喜好平衡，而且拥有像风一般自由自在的品格。头脑灵活敏捷，是个能多方面捕捉事物的思考者。平易近人，执两用中。爱好美与和谐，心中渴望知道各种事情，具有理想主义与现实主义的相互矛盾思想。

具有强烈的进取心，勤学好问，博闻强识。但有时不求甚解，不够细致专心，经过刻苦努力，能够成才。对工作讲究兴趣，喜欢则全身心地投入，否则可能马马虎虎。热爱生活，精力充沛，对新的世界具有好奇心，敢于尝试，喜欢刺激，在他们面前总是有新发现。他们开朗乐观，充满风趣，活泼有余，严肃不足。喜欢无忧无虑、自由自在的生活。

花语解读：桂花

桂花又名木樨、月桂、金桂、九里香等。桂花为木樨科常绿小乔木。十里飘香，金风送爽，象征吉祥如意和幽香十里，有芳誉千乡的光荣之感。

月夕　李商隐

草下阴虫叶上霜，朱栏迢递压湖光。

兔寒蟾冷桂花白，此夜姮娥应断肠。

案例十：高瞻远瞩，慧外内中

拥有强韧的生命力及永不疲倦的充沛精力。胆大而心细，做事常凭灵感。就像流动的水一般，具有很好的适应性，为获得更好、更棒的结果，会全心全意投入工作，不达目的誓不罢休，有着强烈的追根究底的探索心。做事有始有终，意志坚韧，不畏艰难，精力旺盛。

反应敏锐，擅长社交，和睦待人，喜欢修饰，注重外貌。有先见之明，事事能比别人抢先一步，看清未来发展的动向。做事有计划，常有新奇的构想，办事能力强且思考周密。

花语解读：水仙

水仙又名天葱、雅蒜、姚女花、女史花、凌波仙子、俪兰。水仙茎叶清秀，花香宜人，可用于装点书房、客厅，格外生机盎然。凌波玉立，馥郁芳香，象征美人身材之秀美、心性之静雅。

水仙花　刘邦直

得水能仙天与奇，寒香寂寞动冰肌。

仙风道骨今谁有？淡扫蛾眉篸一枝。

案例十一：正直忠诚，专心致志

对任何事物都充满好奇心，希望永远保有广博的知识与体验各种经验。这种性格，好比火一般的神圣与热情，不喜欢受到任何束缚。对未来充满希望，可以为了成功而不眠不休，是个绝对完美主义者。由于具有使命感，为达目标不惜任何代价，是个视胜利为人生方向的行动派。崇尚自由与追求速度的感觉，具有博大的胸怀、丰富的知识、阳刚的气质，喜欢以自己的想法发挥服务精神，对人生保持着热情开朗的态度，是个自由派的乐观主义者。秉性纯良，绝不会做坏事，具有服务精神。为人忠诚，工作敬业，不辞辛苦，热爱生活。

花语解读：玫瑰

玫瑰属蔷薇目、蔷薇科，落叶灌木。在欧洲诸语言中，蔷薇、玫瑰、月季都是使用同一个词。在中国，玫瑰则因其枝茎带刺，被认为是刺客、侠客的象征。而在西方，则把玫瑰花当作严守秘密的象征，作客时看到主人家桌子上方画有玫瑰，就明白在这桌上所谈的一切均为不可外传，这是起源于罗马神话中的荷鲁斯撞见美女——爱的女神“维纳斯”偷情的故事。维纳斯的儿子丘比特为了帮自己的母亲保有名节，于是给了荷鲁斯一朵玫瑰，请他守口如瓶。荷鲁斯收了玫瑰，于是缄默不语，成为

“沉默之神”，这就是“在玫瑰花底下”之所以为守口如瓶的由来。

江神子·惜花　张翥

牡丹芍药冠池台。缕金杯。锦云堆。最恨颠风，横雨故相催。国色天香虚过了，红片片，卧苍苔。绿阴篱落暗香来。野酴醾，刺玫瑰。照眼遗芳，烂漫趁晴开。纵使专春春有几，花到此，已堪哀。

案例十二：热爱生命，珍惜时间

天生具有不可思议的吸引力，犹如大地一般令人可信赖，具有实践性与创造性的精神。擅长有效利用时间，并且能充分运用上天所赋予的时间，认真地度过生命中的每一时刻。认真努力，热衷于工作，不善于拒绝别人，志向远大，在自己的能力范围内，尽自己最大的努力，不管过程多么艰险荆棘，都会以坚强的毅力及不屈不挠的精神，去突破重重难关，获得最后的胜利。

头脑比较冷静，无论遇到多么大的困难，总能细心面对，所以能很恰当地处理事情。热情待人，不乏朋友。做事必定亲力亲为，不论何事他们都很负责地去处理，直到完成为止。喜欢享受生活，是一位天真浪漫、开朗温和的人。不太相信别人，不会怀疑别人，所以很容易上当。做事非常专心，一旦决定的事情，便会将全部的精力投入进去。

花语解读：百合

百合又名山丹、倒仙、百合蒜、夜合花等。百合是百合科、百合属，为多年生草本球根植物。在中国，百合具有百年好合、美好家庭、伟大的爱之含意，有深深祝福的意思。受到百合花祝福的人，具有单纯、天真的性格，集众人宠爱于一身，温情满怀。

香林峰　陈岩

几许山花照夕阳，不栽不植自芬芳。

林梢一点风微起，吹作人间百合香。

学生甲　非常好！贯穿古今，融会东西，回归人性，回归自然。我建议我们每一个人都可以对号入座，分析自己的优点与缺点。同时我也建议每个人再从座位上站起来，看看别人的情况，取长补短，精进自己的学习。轨迹之说先谈到这儿吧，我们再谈一谈境界。

学生乙　关于境界，我做了一篇小文章，分享给二位。

一生行走无对手

——献给曾视吾为其对手的匆匆过客

纠缠于对手，走别人的套路，终为他人所累。

战胜对手的同时也伤害了别人，恩怨无休。

人生很长，对手无休止；人生很短，何惧小节。你若强大，对手让路；你若弱小，对手拦路。

世间一切，存在必有理由，恰逢对手，成长契机。做自己，对手仍在原地，自己已非昨日。

让对手感恩于你，你终无对手。

对手是成长路上的一块绊脚石，目标仍是远方。

蔑视对手最好的方式就是不把对手当对手，这本身就是一种高贵。

人生再回首，红尘往事成烟云，你若放下，天高云淡。

一人对手，数处对手。

善恶终有报。对手告诉你：小人无处不在；你告诉对手：我看见了未来。

学生甲 有境界！遵循科学的发展轨迹，追求进步的人生境界，学习力是持续推动自我前进的基本要求，学习力包括迁移力、检索力、内化力三个层次。终身学习的理念提醒我们，一个人持续的学习力是其本人生命力的延续。我认为学习是解读生死、珍惜光阴的存在形式。学习让人明白生存的意义，参悟人生的真谛。人生不过是一场盛宴，感受是人生必然的经历，在不断的经历中寻求思想的超越。

学生乙 关于境界，我想围绕知识分子的气节与品格来论述。

学生丙 好主意！快说说。

学生乙 气节即坚持正义，是在困难或压力面前不屈服的品质。人格即人特有的行为模式。人格理论的进展与应用包罗万象，潜意识、性与性别、攻击性、自我、气质、智力、创造性、进化、文化等是人格研究中经久不衰的主题。人格是人类发展的焦点。

明代王阳明被世人称为“立德、立功、立言”的三不朽圣人。所谓立德即品，所谓立功即行，所谓立言即知，知识分子的气节与人格主要体现在品、行、知三个层面。从中华民族的历史长河中，我们不难发现每个层面的代表人物，他们就是知识分子的榜样，可谓知识分子气节与人格的孕育之源，对后世产生了深远的影响。

知识分子之品——屈原《离骚》。

屈原是中国文学史上一位伟大的爱国诗人，备受人们的景仰和热爱，是浪漫主义诗人的杰出代表。作为一位杰出的政治家和爱国志士，屈原爱祖国、爱人民、坚持真理、宁死不屈、与日月争辉的精神是中华民族文化的象征。据《续齐谐记》和《隋书·地理志》载，屈原于农历五月初五投汨罗江自尽。中国民间五月初五端午节包粽子、赛龙舟的习俗就源于人们对屈原的纪念。1953年，屈原被列为世界“四大文化名人”（其他三人波兰的哥白尼、英国的莎士比亚、意大利的但丁）之一，受到世界和平理事会和全世界人民的隆重纪念。《离骚》是《楚辞》名篇，是屈原的代表作，约370句，2400字，是中国古代最长的抒情诗。王逸《楚辞章句》题作《离骚经》。宋代洪兴祖在《楚辞补注》中指出：“盖后世之士祖述其词，尊之为经耳。”也有人称之为《离骚赋》，或简称《骚》。自汉迄南北朝，《离骚》又常被举作屈原全部作品的总称。在文学史上，还常以“风”“骚”并称，用“风”来概括《诗经》，用“骚”来概括《楚辞》。“风”“骚”是中国诗歌史上现实主义和浪漫主义两大流派的源头。同时，以屈原为代表的“楚辞”还影响到汉赋的形成。《离骚》是屈原被贬后写出来的。本诗在中国历史上有一定地位，因此诗人也称“骚人”。《离骚》借用比喻，无情地揭露并抨击了统治集团的奸邪、纵欲、贪婪、淫荡、强暴的丑恶本质，塑造了坚持正义、追求真理、不避艰难、不怕迫害、热爱乡土和人民的美好形象。《离骚》是一部具有现实意义的浪漫主义抒情诗，无论是主人公形象的塑造，还是一些事物特征的描绘，大量采用夸张的浪漫主义表现手法。神话传说的充分运用，展开了多彩的幻想的翅膀，更加强了《离骚》的浪漫主义气韵。比、兴手法的运用，在《离骚》中是非常多见的，以香草比喻诗人品质的高洁，以男女关系比喻君臣关系，以驾车马比喻治理国家等。《离骚》的形式来源于楚国人民的口头创作，诗人将之加以改造，构成长篇，使之包含了丰富的内容。语言精练，吸收了楚国的不少方言，造句颇有特色。《楚辞》收集了战国时代楚国屈原、宋玉等人的诗歌，西汉刘向辑，东汉王逸做章句。这些诗歌运用楚地的诗歌形式、方言声韵，描写楚地风土人情，具有浓厚的地方色彩，故名“楚辞”。

屈原是苦闷与彷徨的代表，在生与死之间纠结困惑，内心充满了重重矛盾。

1. 光阴与追求的矛盾：“日月忽其不淹兮，春与秋其代序。惟草木之零落兮，恐美人之迟暮。”

2. 个人与国家的矛盾：“惟夫党人之偷乐兮，路幽昧以险隘。岂余身之殚殃兮，恐皇舆之败绩！”

3. 信念与行动的矛盾：“余固知謇謇之为患兮，忍而不能舍也。虽萎绝其亦何伤兮，哀众芳之芜秽。”

4. 现实与理想的矛盾：“长太息以掩涕兮，哀民生之多艰。

亦余心之所善兮，虽九死其犹未悔。”

5. 意志与品质的矛盾：“忳郁邑余侘傺兮，吾独穷困乎此时也。宁溘死以流亡兮，余不忍为此态也。鸷鸟之不群兮，自前世而固然。何方圜之能周兮，夫孰异道而相安？屈心而抑志兮，忍尤而攘诟。伏清白以死直兮，固前圣之所厚。”

6. 个体与全体的矛盾：“民生各有所乐兮，余独好修以为常。虽体解吾犹未变兮，岂余心之可惩？”

7. 前世与今生的矛盾：“夫维圣哲以茂行兮，苟得用此下土。瞻前而顾后兮，相观民之计极。夫孰非义而可用兮？孰非善而可服？”

8. 目标与路径的矛盾：“路漫漫其修远兮，吾将上下而求索。纷总总其离合兮，斑陆离其上下。”

9. 专注与专一的矛盾：“两美其必合兮，孰信修而慕之？思九州之博大兮，岂惟是其有女？勉远逝而无狐疑兮，孰求美而释女？何所独无芳草兮，尔何怀乎故宇？”

10. 时间与时势的矛盾：“固时俗之流从兮，又孰能无变化？览椒兰其若兹兮，又况揭车与江离？惟兹佩之可贵兮，委厥美而历兹。芳菲菲而难亏兮，芬至今犹未沬。”

11. 志向与方向的矛盾：“何离心之可同兮？吾将远逝以自疏。邅吾道夫昆仑兮，路修远以周流。扬云霓之晻蔼兮，鸣玉鸾之啾啾。”

12. 希望与失望的矛盾：“已矣哉！国无人莫我知兮，又何怀乎故都！既莫足与为美政兮，吾将从彭咸之所居！”

知识分子之行——陶渊明《归去来兮辞》。

陶渊明（约365—427），字元亮（又一说名潜，字渊明），号五柳先生，东晋末期南朝宋初期诗人、文学家、辞赋家、散文家。初入仕，后弃官，躬耕田亩，归隐田园，琴书诗酒，淡泊明志，固穷守节，乐天知命。

归去来兮辞

余家贫，耕植不足以自给。幼稚盈室，瓶无储粟，生生所资，未见其术。亲故多劝余为长吏，脱然有怀，求之靡途。会有四方之事，诸侯以惠爱为德，家叔以余贫苦，遂见用于小邑。于时风波未静，心惮远役，彭泽去家百里，公田之利，足以为酒。故便求之。及少日，眷然有归欤之情。何则？质性自然，非矫厉所得。饥冻虽切，违己交病。尝从人事，皆口腹自役。于是怅然慷慨，深愧平生之志。犹望一稔，当敛裳宵逝。寻程氏妹丧于武昌，情在骏奔，自免去职。仲秋至冬，在官八十余日。因事顺心，命篇曰《归去来兮》。乙巳岁十一月也。

归去来兮，田园将芜胡不归！既自以心为形役，奚惆怅而独悲？悟已往之不谏，知来者之可追。实迷途其未远，觉今是而昨非。舟遥遥以轻飏，风飘飘而吹衣。问征夫以前路，恨晨光之熹微。

乃瞻衡宇，载欣载奔。僮仆欢迎，稚子候门。三径就荒，松菊犹存。携幼入室，有酒盈樽。引壶觞以自酌，眄庭柯以怡颜。倚南窗以寄傲，审容膝之易安。园日涉以成趣，门虽设而常关。策扶老以流憩，时矫首而遐观。云无心以出岫，鸟倦飞而知还。

景翳翳以将入，抚孤松而盘桓。

归去来兮，请息交以绝遊。世与我而相违，复驾言兮焉求？悦亲戚之情话，乐琴书以消忧。农人告余以春及，将有事于西畴。或命巾车，或棹孤舟。既窈窕以寻壑，亦崎岖而经邱。木欣欣以向荣，泉涓涓而始流。善万物之得时，感吾生之行休。

已矣乎！寓形宇内复几时！曷不委心任去留？胡为乎遑遑欲何之？富贵非吾愿，帝乡不可期。怀良辰以孤往，或植杖而耘耔。登东皋以舒啸，临清流而赋诗。聊乘化以归尽，乐夭天命复奚疑！

知识分子之知——王羲之《兰亭序》。

王羲之（303—361），字逸少，汉族，东晋时期著名书法家，有“书圣”之称。其书法兼善隶、草、楷、行各体，精研体势，心摹手追，广采众长，备精诸体，冶于一炉，摆脱了汉魏笔风，风格平和自然，笔势委婉含蓄，遒美健秀，自成一家，影响深远。王羲之代表作《兰亭序》被誉为“天下第一行书”。在书法史上，他与其子王献之合称“二王”。晋永和九年三月初三日（公元353年4月22日），时任会稽内史的王羲之与友人谢安、孙绰等四十一人在会稽山阴的兰亭雅集，饮酒赋诗，以文会友。王羲之将这些诗赋辑成一集，并作序一篇，记述流觞曲水一事，并抒写由此而引发的内心感慨，成就“天下第一行书”。董其昌《画禅室随笔》说：“章法为古今第一，其字皆映带而生，或大或小，随手所如，皆入法则。”

兰亭集序

永和九年，岁在癸丑，暮春之初，会于会稽山阴之兰亭，修禊事也。群贤毕至，少长咸集。此地有崇山峻岭，茂林修竹，又有清流激湍，映带左右，引以为流觞曲水，列坐其次。虽无丝竹管弦之盛，一觞一咏，亦足以畅叙幽情。

是日也，天朗气清，惠风和畅。仰观宇宙之大，俯察品类之盛，所以游目骋怀，足以极视听之娱，信可乐也。

夫人之相与，俯仰一世。或取诸怀抱，悟言一室之内；或因寄所托，放浪形骸之外。虽趣舍万殊，静躁不同，当其欣于所遇，暂得于己，快然自足，不知老之将至；及其所之既倦，情随事迁，感慨系之矣。向之所欣，俯仰之间，已为陈迹，犹不能不以之兴怀，况修短随化，终期于尽！古人云："死生亦大矣。"岂不痛哉！

每览昔人兴感之由，若合一契，未尝不临文嗟悼，不能喻之于怀。固知一死生为虚诞，齐彭殇为妄作。后之视今，亦犹今之视昔，悲夫！故列叙时人，录其所述，虽世殊事异，所以兴怀，其致一也。后之览者，亦将有感于斯文。

俯仰见生死，动静见悲喜。综观全篇，心情时喜时悲，喜极而悲。情感波澜起伏，抑扬顿挫，从聚到散，从生到死，从乐到痛，深刻揭示了人生短暂，珍惜光阴，成就自我的人生哲理。

学生甲　知识分子是民族生息、延续的血脉之本，知识分子是人类文明传承的精神之源，犹如人类历史天空璀璨的繁花，点燃人类生存的希望。"江山代有才人出，各领风骚数百年"。一代代知识分子坚守明志致世的气节与人格比比皆是，蜀国之相诸葛亮、北宋之相范仲淹、敬爱的周恩来总理可谓明志致世之典范。他们的座右铭正好契合了人生三个年龄发展阶段的人生操守。

少年：为中华之崛起而读书。——周恩来

中年：鞠躬尽瘁，死而后已。——诸葛亮

老年：先天下之忧而忧，后天下之乐而乐。——范仲淹

学生乙　中学时代的周恩来立志救国，笃信践行，终于成就新中国。纵观总理的一生，可谓中华民族完美人格的象征，无论身在何时与何处，始终坚守信念与操守，坚持原则与底线，行、品、知堪称完美！正因如此，周恩来成为时代伟人，受到全世界人民的爱戴。

学生丙　“出师一表真名世，千载谁堪伯仲间”。危急存亡之秋，诸葛亮忠志忘身，报效国家，一生走在初出茅庐时设计的宏伟目标轨迹之上，执着与坚守，品格与操守，智慧与思想是诸葛亮灵魂的表达。“鞠躬尽瘁，死而后已”成就一代名相的传奇。

学生乙　北宋的范仲淹是历代儒宦中为官清廉、敢于直谏、心忧天下的又一典型。范仲淹一生协助宋仁宗进行改革。从整顿吏治入手，改革政治、经济和军事，并具体提出明黜陟、抑侥幸、精贡举、择长官、均公田、厚农桑、修武备、推恩信、重命令、减徭役等十项措施，成就了仁宗的“庆历新政”。范仲淹在《岳阳楼记》中提出的警世名言，早已成为从政者立身行事的座右铭：“不以物喜，不以己悲。居庙堂之高，则忧其民；处江湖之远，则忧其君。是进亦忧，退亦忧，然则何时而乐耶？其必曰：先天下之忧而

忧，后天下之乐而乐乎！”范仲淹提出的“政通人和”理念也是治国的理想境界。

学生甲 逝者如斯，不舍昼夜！来者如梦，只争朝夕！